U0079595

大樂文化

大樂文化

大樂文化

業務之神的問答術

用提問避開拒絕，
讓業績從0到千萬！

売れる営業の「質問型」トーク　売れない営業の「説明型」トーク

發問級業務員
青木毅◎著　賴惠鈴◎譯

CONTENTS

第3章 你問過顧客，為何願意見面嗎？

第4章 產品簡報時，80%的時間留給對方問問題！

第5章

成交前別只顧推坑，而是扮演顧問角色 161

第6章

如何讓熟客幫你推？這樣問很重要！ 191

第7章

激起你的發問魂，就能讓他跟你聊不停！

結語

推薦序

想成為不被時代淘汰的超業，就要學會問客戶

福特汽車全國銷售冠軍　王堅志

時常有人問我，身為一個超業如何才能兼顧事業與家庭？其實這並不難，不論是顧客經營或親子關係，只要你用對方法，即使工作再忙碌、生活各方面活動再豐富，一樣都能同時照顧到。

我所謂「對的方法」，指的就是這本《業務之神的問答藝術》要強調的核心所在——發問型溝通。正如同作者青木毅親身體驗的心得一般，這麼多年來，我相信透過發問和對方溝通，的確比單方面說明來得高竿許多。

實際上，想要好好經營顧客與照顧家庭，背後的原理是一樣的。有時，你自顧

自的說個不停，只會讓顧客或家人覺得像是碎念，徒然招致對方反感罷了。適時傾聽對方的意見，讓交談有來有往建立共識，才算得上是有效的溝通。

在這個資訊爆炸的時代，不論是你的公司即將推出的新產品、競爭對手的價格，還是產品優劣評比等資訊，只要連上網路，顧客都能迅速掌握，到谷歌一查人人都能成為專家，顧客不見得要聽你滔滔不絕的長篇大論。因此，這時更應該仔細思考業務員的定位。

日本人很愛玩接字遊戲，我認為這是日本比其他國家更有生意頭腦、更懂得行銷發想的原因之一，而發問型業務員就像在玩接字遊戲，問句就好比上揚的尾音一般。想要扮演好顧問、諮商師的角色，不二法門就是遵從「從頭到尾都以發問貫徹始終」的原則。

青木毅是銷售趨勢大師，告訴我們說明型業務員是怎樣過度說明，自曝其短而遭到拒絕，發問型業務員又是如何巧妙發問，滿足顧客內心真正的需求。所以，不想被時代淘汰，精讀此書就對了！

前言

我能成為超業 No.1，都是因為懂得諮商式推銷！

如果你是一位業務員，會選擇使用輕鬆提升業績的「發問型業務」話術，還是做到崩潰也無法提升業績的「說明型業務」話術？

業務工作的形式應與時俱進

「業務」這項工作正面臨巨大的變化。

在物質匱乏、資訊不足的時代，業務員只要以最快的速度，提供顧客某項商品的資訊，就能受到對方喜愛與看重。因此，業務員的任務之一，是讓顧客知道最新資訊。只要用淺顯易懂的方式，讓顧客了解某項商品的優點，就能獲得對方的認同，進而掏錢買單。

但現今，業務工作已變得截然不同。現在進入物質供過於求的時代，資訊經由網路瞬間傳到顧客手中。不論是研發出什麼產品、有什麼競爭對手、接下來將推出什麼新產品、價格大概是多少，全都在顧客的掌握之中。

在物質匱乏的時代，只要介紹新商品，任誰都趨之若鶩；但在物質過剩的富裕時代，即使提出再多新商品，顧客也不一定會買單。

在資訊不足的時代，人們渴求新資訊，但在資訊隨處可得的時代，一旦顧客得知某些事物之後，便對資訊不屑一顧。

要從業務員變為客戶的諮詢顧問

從二十世紀的後半開始，我便從事業務工作一直到現在。

我將過去在物質匱乏、資訊不足時代工作的業務員，稱為「說明型業務員」。當時，網路尚未建置，資訊也不算充足，但物質已經供過於求。因此，我無法光靠說明商品就讓顧客買單，而是要想辦法用說服技巧來度過難關。

然而，到了二十一世紀，因為便捷的網路出現，進入資訊爆炸的時代，這樣的業務方式逐漸失靈。於是，用說明和說服來推銷的業務員，失去立足之地，想要讓對新商品及其資訊漠不關心的顧客提起興趣，彷彿成為不可能的任務，只要對方不願意聽自己說話，不論說什麼都是白搭。

該怎麼辦呢？**正確答案是，業務員的定位要從說明和說服的推銷者，變成顧客的顧問、諮商師及指導者**。

這意味著，新時代的業務員不但身負代表公司的使命，還要站在顧客的立場，傾聽他們想要什麼、需要什麼，遇到什麼問題。因此，**業務員必須在提出自家公司商品時，一併提供對顧客有用的資訊**。

這種作法聽起來很簡單，實際上卻出乎意料的困難，因為必須改變業務員扮演的角色。從前，業務員只要運用各種說話技巧，說明商品將如何幫助或改變顧客的生活，就能讓他們點頭成交。現在，業務員要將工作型態轉變為顧客的顧問、諮商師及指導者的模式。

我將這種符合二十一世紀需求的新業務型態，稱為「發問型業務」。發問型業務將工作型態從單純推銷切換成以提出問題為主，改變了業務員的角色，任何人都辦得到，幾乎不需要業務經驗、高明的說明技巧或是炒熱話題的手法等。

比較發問型與說明型，發現效果大不同！

我以「發問型業務」作為關鍵字，至今已出版七本書。此外，二〇一六年五月開始的線上隨選數位廣播（即網路廣播，每週五播出），目前每個月都有三十萬的下載次數（始終保持在經營、行銷熱門排行榜的前五名內）。

透過這些管道，我向大家介紹「發問型業務法」，並將相對於此的方法稱為「說明型業務法」。在本書中，我比較這兩種業務方法，並進行分析解說。

我身為業務顧問，指導過各式各樣的企業與業務員。幾乎所有的業務員都在使用說明型業務法，大家總是疲於奔命。

在跑業務的過程中，我使用過說明型方法十二年，發問型方法則用了長達十八年。無論哪一種業務法，我都追根究柢、實事求是的鑽研，讓業績保持第一，並獲得各種獎項。

本書的大部份內容，都是我親身實踐所得到的經驗談。在本書中，有時說明型業務法看起來像是負面教材，不過這些都是實際心得。雖然當時仍然能做出成績，但工作感想多半都是比較累、比較辛苦。

在改用發問型業務法之後，我的業務人生充滿了過去不曾感受到的快樂。在介紹商品的過程中，我從顧客身上學到更多，有一種「與客戶變成朋友」的感覺。

我實際測試過這兩種業務方法，感受到它們的不同與落差。基於這樣的經驗，我明白只要將業務方法切換成發問型，不僅能有效提升工作績效，而且顧客接受度也會提高。

我相信，本書能幫助各位重新審視自己的業務方法，並思考今後的工作方向。

第 1 章

用提問取得先機，讓拒絕次數降為 0

別費盡唇舌說明商品，必須先提問了解顧客需求

【說明型業務】

「我想要傳達商品的魅力。」

【發問型業務】

「我想要知道客戶的需求。」

一般來說，說明型業務員會使出渾身解數，想要傳達商品的魅力給顧客。這並沒有錯，可以證明業務員充分體認商品的魅力。

只是，顧客尚未了解這項商品的魅力，反應自然不會太熱絡。面對這樣的顧客，**說明型業務員會利用說明商品的方法，來挑起對方的興趣**。

說明型業務員（以下簡稱為說明型）：「今天為您介紹〇〇商品。」

客　戶：「我對這個東西沒什麼興趣耶……。」

說明型：「大家一開始都是這麼說，可是在聽完商品說明後，都大吃一驚。我想您一定也不例外。」

客　戶：「是嗎？」

說明型：「那麼事不宜遲，我先開始說明吧。」

客　戶：「噢……。」

說明型業務員認為，只要把商品的魅力傳達給顧客，他們就會明白商品的優點，所以一頭熱的拚命說明。不過，顧客看到業務員努力說明，態度反而冷淡了。即使說明型業務員說得口沫橫飛、滿頭大汗，顧客也可能只聽到一半就打斷，甚至掉頭就走。當然合約也簽不成。

另一方面，發問型業務員在面對顧客時，總是抱著「想知道對方需求」的心態，所以在介紹時會先丟出問題，以了解顧客的需求。

發問型業務員（以下簡稱為發問型）：「今天為您介紹○○商品，請問您覺得這項商品怎麼樣？」

客　戶：「我沒什麼興趣耶……。」

發問型：「原來如此。**那麼，可以告訴我您有什麼想法嗎？**」

客　戶：「可以啊。因為我還有其他事必須先處理……。」

發問型：「原來如此。**可以請您說得詳細一點嗎？例如那是什麼樣的事**

情？」

客　戶：「其實……。」

像上述對話，發問型業務員會將顧客現在的需求擺在第一順位，從問出對方的想法開始。這時，**業務員不會否定顧客的任何意見，而是全盤接收**。即使與商品的主題已漸行漸遠，還是繼續聽下去，因為那正是顧客的需求。

在談話中，業務員若是察覺到顧客的問題可以用商品解決，就會提出建議，否則乾脆放棄。因此，對話發展成以下的情況：

【若是能以商品解決問題】

發問型：「聽您這麼說，我們家的商品好像能解決您的問題……。」

客　戶：「什麼意思？」

發問型：「**我認為可以解決您剛才提到的□□。**」
客　戶：「原來如此。」
發問型：「**可以請您聽我說明一下嗎？**」
客　戶：「好，那就聽聽看吧。」

【若是不能以商品解決問題】

發問型：「聽您這麼說，**好像要先解決□□比較好。**」
客　戶：「是嗎。」
發問型：「請您先解決這個問題，再考慮我們家的商品。」
客　戶：「你這麼明事理，真是太好了。」
發問型：「**您估計大概需要多少時間才能解決？**」
客　戶：「大概要三個月左右。」

發問型：「那麼，我可以三個月後打電話給您嗎？」
客　戶：「好的，謝謝你。」

由此可知，說明型業務員利用商品的魅力向顧客提案，而發問型業務員則根據顧客的需求提案。

顧客平常都在想些什麼呢？無非是想滿足自我需求，或是為了實現想法，該如何解決問題。因此，業務員要從問清楚需求切入。

哪一種結果會比較好，各位心中肯定已有答案。

POINT

不要否定客戶的意見，繼續聽下去，找出對方的需求。

談話內容以發問為主軸，讓顧客的想法越來越明確

【說明型業務】

「從頭到尾都要以說明貫徹始終。」

【發問型業務】

「從頭到尾都要以發問貫徹始終。」

說明型業務員隨時隨地都想對顧客說明，因為他們認為說明可以提高顧客對商品的需求，也就是讓對方變得想要購買。然而，顧客的感受卻是業務員不斷想說服自己。

客　戶：「這東西真的好用嗎？」
說明型：「如同剛才向您說明過的，這是最適合您的商品。」
客　戶：「是嗎？」
說明型：「因為這項商品非常好用，重量也很輕，可以隨身攜帶，非常適合您。」
客　戶：「或許吧。」
說明型：「您買了一定會感到滿意。」
客　戶：「是嗎？」

說明型業務員對顧客回應的每一句話都想解釋，這麼一來，對方只能以肯定句來回答。要是顧客說「或許吧……」或「我明白你的意思……」之類的話，業務員就針對那句話加以說明，導致對方只能沉默以對。

尤其是在成交收尾階段，說明型業務員容易因為過度說明，而變成說服。這麼一來，顧客會找藉口，例如：「我再考慮一下」、「我要和其他人討論看看」，拖延購買的決定。

相較之下，發問型業務員會貫徹發問的主軸到最後。因為發問型業務員很清楚，**顧客購買商品的不二法門，便是他們本身能理解與接受**。因此，讓顧客自己找到答案才是最有效的作法。

在前面的案例，發問型業務員與顧客之間的對話如下：

客　戶：「這東西真的好用嗎？」

發問型：「您覺得怎麼樣呢？」

客　戶：「看起來的確很好用，輕巧的感覺也很不錯。」
發問型：「能聽您這麼說，真是太榮幸了，請問您為何這麼想？」
客　戶：「主要是操作很簡單，重量又很輕。」
發問型：「您真是太有眼光了！要是這能派上用場就太好了。」
客　戶：「彼此彼此，感謝你介紹這麼好的東西給我。」

由此可知，**發問型業務員會讓顧客自己思考與回答**。

根據人類的行為原理，人類具有「希望對方照自己的想法行動」的特徵。換句話說，無論周圍的人怎麼說，每個人都希望照自己的想法行動。

寫成方程式來看，人類採取行動的階段為「**感受**、**想法↓思考↓行動**」。

發問型業務員很清楚這一點。**他們會一邊問顧客問題，一邊讓對方的想法變得越來越明確，將方向引導到顧客自己採取行動**。

在前述對話中，業務員提問的「您覺得怎麼樣呢」、「請問您為何這麼想」，便是基於人類行為原理的問題。

POINT

透過問問題，讓客戶的想法變得更明確。

不要依SOP照本宣科，要用話題引出顧客內心話

【說明型業務】

「依照話術演練過的方法，依序說明。」

【發問型業務】

「針對客戶的需求加以說明。」

說明型業務員說話時會以說明為主，因此隨時都在腦中構思說話劇本，思考如何利用說明提高效果，而且想按照劇本的順序說明。

於是，與顧客的對話容易變成以下的情況：

說明型：「今天承蒙您願意抽空見我，感激不盡。」

客　戶：「不客氣。」

說明型：「那麼，我盡量簡單說，讓您先大致上了解。」

客　戶：「好的。」

說明型：「首先，我先說明敝公司的背景與主要業務範圍。接著，針對這次推出的商品，說明對您有什麼幫助。若有任何問題，請不要客氣，盡量提出來。」

客　戶：「好的。」

像上述對話一般，顧客聽到業務員要照順序說明，也會覺得自己非聽不可，所以抱持「總之先聽聽看」的心態，被動的聆聽。

雖然業務員說有什麼問題都可以提出來，但顧客多半心想：「總之先聽聽看他怎麼說，最後再來問問題」。因此，通常變成業務員單方面做說明。

另一方面，發問型業務員說話時則是以問問題為主，試圖問出顧客的需求，再說明如何實現對方的需求，所以對話會以下面的方式展開：

發問型：「今天承蒙您願意抽空見我，感激不盡。」
客　戶：「不客氣。」
發問型：「那麼，我盡量簡單說，讓您先大致上了解。」
客　戶：「好的。」
發問型：「首先，要讓您了解，**我們認為最重要的，不只是您對敝公司的商品有什麼要求，而是目前您最想解決什麼問題？**」

客　戶：「你能這麼為我著想，真是太貼心了。」
發問型：「那麼，**可以請您把想到的事都告訴我嗎？**」
客　戶：「好的。」

經過業務員如此引導，顧客會自動自發說出心中的想法。在傾訴的過程中，顧客再次體認到自己的現狀與需求。

業務員聽完顧客的話，就能站在解決對方需求的角度，將話題帶到商品上。顧客因為話題跟自己有關，而以積極正面的態度傾聽。

上述兩種類型的業務員，都說了同一句話：「讓您先大致上了解」，但說明型業務員說的意思，是讓客戶能充分理解說明。

另一方面，**發問型業務員說的意思，則是根據客戶需求，以淺顯易懂的方法說明要怎麼解決才好。**

假如您是顧客，比較喜歡哪一種業務員呢？

POINT

對話的重點，在於找出客戶的需求。

超業賣的不是商品本身，而是問題解決方案

【說明型業務】
「提供商品給客戶。」

【發問型業務】
「提供解決方案給客戶。」

商品要對顧客有用，他們才會買單。因此，站在業務員的立場，必須向顧客說明自己的商品多麼有用。

不過，**說明型業務員與發問型業務員，在說明的順序上略有不同**，差別在於前者賣的是商品，後者賣的是解決方案。

說明型業務員無論如何都想解說商品，告訴顧客商品能助他們一臂之力。

說明型：「今天向您介紹的這項商品，對想要提升工作效率的人一定有幫助。」

客　戶：「嗯，關於這方面我們已經在做了。」

說明型：「不過，這項商品對於提升效率真的非常有幫助。而且，提升效率是永無止盡的。」

客　戶：「說得也是。」

說明型：「一下子就好，可以請您聽聽看嗎？」

客戶：「不必了，暫時還不用。」

業務員之所以向顧客提出方案，是認為商品有助於提升效率。業務員一旦要拜訪顧客，對方必然問為什麼要來，所以業務員自然會提到商品及目的。

但是，接下來的說法就不妥了。因為業務員打算繼續推銷商品，就成了「賣商品」的行為。如此一來，即使顧客有點興趣，但只要感受到「聽完就非買商品不可」，便避之唯恐不及。

說明型業務員的特徵是「以商品為本」，一心想讓顧客知道這項商品多麼有幫助，卻沒有先向關鍵的對方確認，是否對這項商品有需求。

發問型業務員自始至終專注在解決顧客的需求，因此對話變成以下的情況：

發問型：「今天向您介紹的這項商品，對想要提升工作效率的人一定有幫助，請問您對這件事有什麼想法呢？」

客　戶：「嗯，關於這點我們已經在做了。」

發問型：「我想也是。很顯然的，您平常就致力於提升各方面的效率。比方說，是採取了什麼樣的方法？」

客　戶：「這個嘛，主要是針對時間運用，平常會進行各種討論。」

發問型：「原來如此。真是太棒了！在效果方面，有什麼感覺呢？」

客　戶：「很有效喔。感謝老天，加班因此減少了。」

發問型：「那真是太了不起了！看來您做得很徹底，那麼您打算繼續提升哪方面的效率嗎？」

客　戶：「嗯……大概是簡化行政工作吧。」

發問型：「請問這是什麼意思？」

客　戶：「因為各式各樣的文件越來越多，處理起來太花時間。」

發問型：「要是能解決這個問題就好了。」

客　戶：「那當然。」

發問型：「我認為這次的提案剛好能解決這個問題喔。」
客　戶：「真的嗎？」
發問型：「**真的，您願意聽我說嗎？**」

即使對話同樣都是從商品開始，但發問型業務因為專注在解決顧客的需求，所以對話發展產生極大的分歧。

說明型業務員想說明商品會對顧客有幫助，而發問型業務員則想問出顧客期望的狀況，並基於這個前提提案。發問型業務會告訴顧客，自己提出的方案能滿足他們的需求，對解決顧客的問題很有幫助。

兩者最大的不同，就是最後提供給顧客的是商品，還是解決方案。換句話說，要當普通單純的業務員，還是要成為諮詢顧問，取決於明不明白以上的差異。

在銷售過程中，這兩種類型的話術在每個階段都截然不同。此外，這兩種類型影響的層面既多且廣，比方說，關係到顧客會不會幫忙介紹、衝業績，或者業務員本身的尊嚴、驕傲，以及升任業務主管後的指導能力等。

POINT

透過不斷發問，才能找出客戶的期望。

與其強硬催促顧客成交，不如引導他自己做判斷

【說明型業務】
「必須讓客戶動起來。」

【發問型業務】
「客戶會自動自發。」

通常，說明型業務員會抱持以下想法：「顧客對商品一知半解，所以我們必須說明、傳達商品的優點」，而且認為：「說來說去，無論東西再怎麼好，顧客購買時都會猶豫再三，業務員必須引導對方下訂單。」

如此一來，對話變成以下情形：

說明型：「這是秋天的新產品，非常搶手喔。您知道嗎？」

客　戶：「不，我不知道。」

說明型：「因為它在市面上還不太普及，周圍的人看到您穿在身上，一定會對您投以羨慕的目光喔。」

客　戶：「是嗎？」

說明型：「我覺得很適合您，而且存貨已經所剩無幾，所以最好立刻下決定。」

客　戶：「可是，這個真的適合我嗎？」

說明型：「嗯，真的很適合您唷。」

說明型業務員無論如何都想利用說明，引導顧客買單，結果言談變成態度有些強硬。

另一方面，發問型業務員了解：「即使顧客不是很了解商品，還是想要自己判斷商品是否符合需求」，以及「顧客即使向專家尋求建議，最後還是想自己決定」，因此發問型業務員與顧客間的對話如下：

發問型：「請問您知道這項商品嗎？」
客　戶：「不，我不知道。」
發問型：「您看過類似的商品嗎？」
客　戶：「這麼說來，好像在雜誌上看過。」

發問型：「沒錯！您真內行。這是今年秋天的新產品喔。」
客　戶：「是喔。」
發問型：「**您親眼看到以後，有什麼感覺呢？**」
客　戶：「很好看。」
發問型：「**街上已經有人這樣穿了嗎？**」
客　戶：「好像還沒有。」
發問型：「說得也是，因為才剛上市。」
客　戶：「周圍的人看到一定會很羨慕，這個適合我嗎？」
發問型：「**您自己覺得呢？**」
客　戶：「我覺得還不賴。」
發問型：「是啊，非常適合您，而且存貨已經所剩無幾。」
客　戶：「那就下定決心買下來吧。」

發問型的重點在於，業務員主要透過發問讓顧客回答。舉例來說，顧客問「適合我嗎」的時候，業務員反問「您覺得呢」，讓對方先回答，然後表達身為專家的意見。

發問型業務員很清楚，自己的任務只是在背後推顧客一把，因此重點在於重視對方的感覺，也就是在前述的購買階段「感受、想法↓思考↓行動」中，引導顧客產生自己的感受與想法。

POINT

傾聽客戶的意見。

你的定位得從公司的業務員，提升為客戶的顧問

【說明型業務】

「身為公司派來的業務員。」

【發問型業務】

「身為客戶的諮詢顧問。」

各位對業務員有什麼樣的印象呢？答案恐怕不外乎是說明商品的人，或是販賣商品的人。

對諮詢顧問，又有什麼樣的印象呢？我想各位的答案，大概是「仔細傾聽我的現狀及需求，針對如何實現需求或解決問題，提供建議的專業人員」。

當你打算購買某個領域的商品時，比較想聽哪種人說明呢？是業務員還是諮詢顧問？我想當然會選擇後者。

一提到業務員，大家很自然聯想到，因為是公司派來的人，所以不會談到商品的缺點，也不太會提到其他的競爭對手，主要的對話內容都在表達自家商品的優點。

至於諮詢顧問，則是先傾聽顧客說的話，再介紹、說明能解決問題的商品，給人的感覺是有問必答的說明商品優缺點，不會避重就輕。

在這個資訊爆炸的時代，諮詢顧問會站在顧客的立場，跟他們一起彙理、思考。套用到本書說明的概念，前者是說明型業務員，後者則是發問型業務員。接下來，我們思考一下業務員的任務。

業務員的任務是協助顧客。商品是為了解決顧客的困擾、實現他們的期待而開發出來，無非是為了助人一臂之力。因此，在與顧客對話時，從以下說法展開是很奇怪的事：

說明型：「今天非常感謝您願意撥時間給我。時間寶貴，事不宜遲，請容我開始說明，今天介紹的商品是什麼樣的東西，對您有什麼效果。」

如此一來，業務員只是負責介紹商品的人。如果只是要說明公司的商品，用錄音機即可。

若是考慮到要對顧客有幫助，業務員應該從以下的說法展開對話：

發問型：「今天非常感謝您願意撥時間給我。時間寶貴，事不宜遲，請容我開始說明今天要介紹的商品。**但是在此之前，有件事我無論如何都想先請教您，可以嗎？**」

客　戶：「什麼事？」

發問型：「**為什麼您願意在百忙之中，抽空與我見面呢？我想知道理由是什麼。**」

客　戶：「原來如此。其實是……。」

業務員藉由發問，打聽顧客想解決的問題，或是為了解決問題曾經做過哪些努力。仔細傾聽後，再提出解決方案，就能向顧客提出有幫助的商品。

如此一來，業務員的角色便提升為諮詢顧問。

POINT

介紹商品，是為了解決客戶的煩惱。

幫顧客滿足需求，你就不再被拒絕還受人感謝

【說明型業務】

「跑業務是件辛苦、吃力的事。」

【發問型業務】

「跑業務是件快樂、開心的事。」

請問各位認為，瀏覽我公司（Realize 股份有限公司）官方網站的人，最常用來搜尋的關鍵字是什麼？

答案是「業務、辛苦、吃力」。看樣子，絕大多數人都對業務工作，有如此根深柢固的印象。這一型的業務員平常的困擾是什麼呢？

「拜訪一堆客戶，卻一再被拒絕，真是太痛苦了。」
「不管到哪裡，都沒有人要聽我說話。」
「遲遲約不成登門拜訪的時間。」
「客戶到底都躲到哪裡？」
「對方即使聽到最後，也只會回答『我再考慮看看』。」
「真是夠了，我開始討厭業務工作。」

說法不外乎以上這幾種，問題到底出在哪裡？問題就在於，這些人都想說明自家商品。不妨把以上的句子，換成以下的說法：

「拜訪一堆客戶，還是沒有人要聽我介紹商品，一再被拒絕，真是太痛苦了。」

「不管到哪裡，都沒有人要聽我介紹商品。」

「遲遲約不成介紹商品的時間。」

「願意聽我介紹商品的客戶，到底都躲到哪裡？」

「即使聽我介紹商品到最後，也只會說『我再考慮看看』。」

「真是夠了，我開始討厭介紹商品的業務工作。」

顧客不覺得自己需要商品，也不確定你的商品能不能解決他的問題，怎麼可能聽你講。因此，演變成顧客不願意聽商品說明、說再考慮看看，以及業務員被拒絕、約不到時間等狀況。

若顧客一再採取這樣的態度，業務員的想法就變成「這世上沒有人願意聽自己說明商品」、「業務這份工作好辛苦、好吃力」，於是想放棄或是從事業務以外的工作。

會變成這樣，問題在於對業務工作的認知出了差錯。

業務的工作並非說明商品而已。所謂業務，是協助顧客滿足需求、解決問題，目的在展現自家商品對顧客有幫助。假如從這個角度來看前述的話語，對業務的看法和想法將出現以下的變化：

說明型：「拜訪一堆客戶，卻一再被拒絕，真是太痛苦了。」

▼發問型：「找出那些我們公司商品能滿足需求的顧客。」

說明型：「不管到哪裡，都沒有人要聽我說話。」

▼**發問型：「找出想知道解決需求方案的顧客。」**

說明型：「遲遲約不成登門拜訪的時間。」

▼**發問型：「與正在尋求解決需求的顧客，約定登門拜訪的時間。」**

說明型：「客戶到底都躲到哪裡？」

▼**發問型：「渴望解決問題的顧客一定存在，所以有那麼多人購買這項商品。」**

說明型：「即使聽到最後，也只會回答『我再考慮看看』。」

▼**發問型：「與顧客一起討論解決需求方案。」**

說明型：「真是夠了，我開始討厭業務工作。」

▼**發問型：「能夠幫助渴望解決問題的顧客，是很快樂的事。」**

業務是一種幫助顧客的工作，要找出可用自家商品解決問題的顧客，並向對方提案，所以要利用問問題來找出這樣的顧客。

為了找到這樣的顧客，可能必須花費許多時間和勞力。然而，真正有需求的顧客，一定很開心聽你說話。

一旦顧客採用業務員的提案，業務員還可以得到對方的感謝，業務工作將逐漸變得開心、快樂。

請從說明型業務員轉變成為發問型，唯有這個方法，才能把業務工作從辛苦、吃力的事變成快樂、開心的事。

POINT

業務是幫助客戶的工作。

想要客戶越來越多、業績持續成長，你一定要……

【說明型業務】

「拚命去做，業績卻時好時壞。」

【發問型業務】

「業績不但自動提升，而且會持續。」

提升營業額、達成業績目標、達成預算等，都是業務員必經的過程。依照看待以上過程的角度差異，有人覺得業務工作很辛苦、很吃力，有人則覺得業務工作有成就感、很有趣。

說明型業務員一般都把首要目標鎖定在說明商品，因為他們認為：「這是業務員的工作」、「說明商品必定能讓顧客感受到商品魅力，並決定購買」。

因此，即使在成交收尾階段，說明型業務員也會用以下熱情的說法，來說服顧客：

「絕對有幫助！」
「這是千載難逢的機會。」
「保證不會錯！」
「您一定會很滿意。」
「這次不買，鐵定會後悔。」

說明型業務員總是將斬釘截鐵的字眼掛在嘴邊，例如：絕對、千載難逢、保證、不會錯、正是現在等。

然而，業務員越是用力說明，顧客越是無法好好思考，結果通常是顧客要再考慮看看，或是直接拒絕。當業務員聽到顧客這麼回答，會覺得自己明明說明得很認真，而受到嚴重打擊，並且感到失望。

此時，**業務員會對顧客產生疑問**，心想：「自己的說明到底哪裡出問題」、「對方為何不接受」，**也會對業務方法產生疑問**，例如：「都怪自己的說明太差勁」、「為何無法好好說明」等等。

這些疑問讓人喪失自信，並導致行動量減少。當日子一天天過去，隨著業績結算日期逼近，又會開始手忙腳亂。說明型業務員採取這種業務方法，業績會時好時壞。

另一方面，發問型業務員把營業額、預算、業績，都當成是對顧客有幫助的貢獻。

業務員以對顧客有幫助、有貢獻為目的，因此為了幫上忙而採取的行動，便是協助顧客針對需求提供解決、實現的方法，他們很清楚商品是為此而存在。

所以，發問型業務員對顧客說明完畢後，在成交收尾階段會問對方以下的問題：

「您有什麼感覺？」

「您覺得什麼地方比較好？可以舉例說明嗎？」

「我真的認為這對您很有幫助，您覺得如何？」

「使用過後，您認為有效嗎？」

「您認為這對您是個好機會嗎？」

發問型業務員很清楚，要不要選購商品完全取決於顧客的判斷，因此會提出問題來得知，商品是否對顧客的需求有幫助。假如顧客不買帳或是要再考慮，就表示業務員在引導顧客需求的問法，或是提供解決方法的商品說明上發生問題，應該找出需要改善的部份。

業務員即使成績不佳，只要找出需要改善的部份，就能立即採取下一個動作，不需要怪罪顧客，也無需自責。

發問型業務員在追求目標時，不會浪費時間、勉強說明，說明的內容也不會偏差。

就結論來說，發問型業務員比較不容易感到情緒低落，因此能維持一定的行動量，穩定提升業績。由於行動量活躍，顧客越來越多，即便無法馬上簽約，將來也會開花結果，確實達成營業額與目標業績。

POINT

業績等於對客戶做出了多少貢獻。

超業人人憧憬，你應該以什麼作為努力目標？

【說明型業務】

「目標是成為大家崇拜的對象。」

【發問型業務】

「目標是得到客戶的感謝。」

說明型業務員與發問型業務員，努力的方向並不相同。

說明型業務員的工作基本上是以說明為中心，總是想著：「如何巧妙說明」、「如何說明得具有魅力」、「如何說明才能吸引到顧客注意」。

對說明型業務員來說，顧客絕不是用同一套話術就能搞定。假如想用說明來吸引顧客，必須要很有力量，並具備讓對方聽話的技巧。

頂尖的說明型業務員，擁有出類拔萃的說明能力，成為眾人憧憬的榜樣。於是，說明型業務員看到他們，會產生以下想法：

「真是了不起的業務員！他散發出的氣場、氛圍、表現力、說服力都與眾不同。

我既然踏上業務這條路，也想變得跟他一樣。我想成為許多業務員崇拜的對象，因此必須努力成為頂尖業務員！」

這當然不是一件壞事，然而這存在令人意想不到的盲點：

- 以說明為主的業務員一旦強化力道，雖然會增加說服力，但讓顧客陷入被洗腦的狀態。就某個角度來說，這只是暫時的興奮。顧客清醒後，**會變得冷靜，在重新審視商品時，可能取消訂單或者表示要再考慮**。
- 業務員的氣場、氛圍、表現力、說服力等，並非一朝一夕能練就而成，**需要一定年資的訓練與經驗**。
- 站在顧客的立場，不會覺得具有說服力的業務員特別好，而**比較想選擇能夠解決自己問題、實踐自己需求的業務員**。
- 若是將全部的精力傾注在說明上，等於把重點鎖定在販售以及讓顧客採用，**後續追蹤（成果確認）就變得薄弱，顧客比較不會主動幫忙介紹**。

另一方面，發問型業務員的工作基本上是以問問題為中心。他們想的是「了解顧客」、「了解對方的需求」、「幫助顧客解決問題、滿足他們的需求」。

對發問型業務員來說，顧客是因緣際會才能認識、無人能夠取代的朋友。他們會努力理解顧客，將精力傾注在助對方一臂之力，目的是引導顧客說出需求，盡最大的努力協助對方解決問題、實現目標。為此而進行商品提案。

頂尖的發問型業務員，擁有出類拔萃的發問能力。對發問型業務員而言，顧客才是主角。他們把精力集中在理解、引導顧客的需求，從中感受到喜悅。

發問型業務員一旦引導出連顧客本人也沒有察覺到的需求，一起思考解決方案，並提出建議，會得到最高級的讚美，也就是對方由衷的感謝。那份喜悅是任何東西都無法代替，同時成為業務員最棒的動力來源。

在一旁看到這種典範的業務員，會產生這樣的想法：

「真是了不起的業務員！他的溫和、柔軟，以及對所有人都一視同仁的體貼態度，真是令人欽佩。最重要的是，一直以來都能得到客戶的感謝、傾慕。

我既然踏上業務這條路，也想成為受到許多客戶感謝的業務員，所以我得努力爬上頂端！」

發問型業務法是登峰造極的業務方法，實際上，任何人只要鎖定方向努力，便能達成目標。理由如下：

● 發問型業務員從頭到尾，都把精神集中在貼近、了解、引導出顧客的需求。自己只是配角，負責協助身為主角的顧客。正因為把顧客視為無可取代的朋友，才能察覺到連顧客自己都沒察覺到的地方。因此，向顧客提案的商品**會給對方能派上用場的感覺，顧客完全不會取消訂單或再考慮，甚至還熱心的轉介紹**。

● 發問型業務員的態度溫和、柔軟，是源自於對顧客的貼心。**發問是為了引導顧客說話，而且方法簡單扼要，任何人都辦得到**。

● 站在顧客的立場，**業務員若是能理解自己，解決、滿足自己的需求，當然是再好不過**。

● 由於將全部的精力傾注在理解顧客，解決、滿足顧客的需求，**把重點鎖定在能否利用商品來解決對方的問題，所以自然會致力於後續追蹤（成果確認），讓顧客願意主動轉介紹。**

本章解說了說明型業務員與發問型業務員的不同之處，各位是否已明白箇中差異？

從第二章開始，在業務工作的各個階段舉出具體案例，帶大家深入觀察兩者的差異。

如同前文所述，發問型業務員不用花太長時間訓練，也不太需要經驗。我舉出的發問型業務方法，無論是誰都能從明天就開始實行。

POINT

將客戶的由衷感謝視為最大目標。

NOTE

第2章

開場時別說個不停，用提問看他的反應再……

要約顧客見面，怎樣的開場白最能吸引注意？

【說明型業務】
「今天要向您介紹我們公司。」

【發問型業務】
「請問您知道我們公司嗎？」

所謂的預約拜訪，是指與顧客約定見面時間，也就是透過打電話或直接上門，讓顧客對自家公司的商品、服務產生興趣，進而約好時間詳談。

重點在於，讓顧客知道自家公司的商品、服務能幫助他，滿足他的需求。

以說明型業務員來說，他們無論如何都想利用自家商品說明、服務內容，來引起顧客注意，取得登門拜訪的機會，所以對話的情形如下所示：

說明型：「突然打電話給您真不好意思，我是△△公司的○○○。」
客　戶：「有什麼事嗎？」
說明型：「今天打電話給您，是想介紹我們公司。我們是一家補習班，現在受到非常多的家長支持。」
客　戶：「我不需要……。」
說明型：「大家一開始都是這麼說，請問您有孩子嗎？」
客　戶：「有是有……。」

說明型：「我們有辦法提升孩子的成績喔。其實大部份的家長都很擔心孩子的學習習慣，關於這點……。」

說明型業務員認為只要經過自己的說明，顧客就能明白，進而產生興趣。即使顧客持反對意見或沒興趣也無妨，只要能讓對方好好聽完說明，就可以引發興趣，所以他們拚命的想要說明自家的商品、服務。

相較之下，發問型業務員為了刺激顧客說出需求，會想方設法讓對方開口。**他們很清楚必須讓顧客開口說話才行**，因此即使透過電話對談，也會迅速拋出問題。

發問型：「突然打電話給您真不好意思，我是△△公司的〇〇〇。」
客　戶：「有什麼事嗎？」
發問型：「您好，**請問您聽過我們公司嗎？**」

客　戶：「沒聽過。」

發問型：「不好意思，我們是一家補習班。**可以耽誤您一點點時間嗎？**」

（態度謙虛，並且迅速的說）。

客　戶：「好，請說。」

發問型：「謝謝。不好意思，**請問您有孩子嗎？**」

客　戶：「有啊。」

發問型：「這樣啊，幾歲了？」

客　戶：「我有兩個念小學的小孩。」

發問型：「哇，一定很可愛。**您會關心孩子們的功課嗎？**」

客　戶：「那當然，多多少少吧。」

發問型：「這樣啊。**那您考慮過補習班嗎？**」

像這樣一打完招呼，馬上就向顧客提出問題，**通常對方會不由自主的回答。**業務員要對顧客回答的內容充分產生共鳴，然後提出下一個問題。如此一來，顧客便繼續回答，業務員繼續產生共鳴，接連提出下一個問題。

在這樣的過程中，業務員和顧客都能毫無保留的暢所欲言。**發問型業務員善於打造與顧客無話不談的交流氛圍，為對話打好基礎，並從中激發顧客需求**。這點在直接登門拜訪的時候也不例外。

說明型業務員總是想立刻開始說明，而發問型業務員則是想透過提出問題，進入溝通的程序。

POINT

首先要以發問來溝通。

將顧客關心度分成ABC三級，找到識貨的伯樂

【說明型業務】

「其實大部份的家長都很擔心孩子的學習習慣，關於這點……。」

【發問型業務】

「您關心孩子的功課嗎？」

兩種業務方法最大的不同處，就是說明型業務員主要是透過說明，來挑起顧客的興趣。無論顧客的反應為何，都從說明開始切入，試圖引發對方的好奇心，讓他答應見面詳談。

前面的例子也提到，儘管顧客已經回答：「我不需要」，說明型業務員還是會試圖引起對方的興趣，接著說：「我們有辦法提升孩子的成績喔。其實大部份的家長都很擔心孩子的學習習慣，關於這點……。」但這等於在逆風中前進，非常耗費精力。

另一方面，發問型業務員反其道而行。**他們不採取引起對方興趣的方法，而是將思考邏輯鎖定在「尋找感興趣的人」，或是「尋找正在考慮這件事的人」**。以前面的例子來說，業務員藉由提出問題，例如：「您關心孩子的功課嗎」，評估顧客對自己小孩功課有多麼關心。然後，依據其關心的程度，決定要不要繼續往下說。

他們將顧客的關心指數分成A、B、C三個等級。先將顧客依照等級分門別類，再決定今後的應對方針。舉例來說，A級顧客是很關心話題的人，必須努力爭取與A級顧客見面詳談的機會。

B級顧客雖然關心，但不急於一時，打算以後再考慮。即使約不到B級顧客的時間，也可以趁經過附近時，順道過去打個招呼，問候對方的近況。

C級顧客則是雖然有興趣，但不確定何時會有需求。對於這種顧客，不妨先打聽好對方的狀況，等待時機成熟再打電話。

說明型業務員與發問型業務員最大的分水嶺，就是前者致力於引起顧客興趣，促使他們成交，而後者的思考模式是尋找感興趣的人，讓對方自己採取行動。

關於這個部份，請溫習第一章的「讓顧客主動找你成交」的章節。

POINT

用發問來找出感興趣的人。

尋找感興趣的顧客，再提出預約的請求

【說明型業務】

「我今天來是……」

【發問型業務】

「可以耽誤您一點時間嗎？」

想要引起對方興趣與尋找感興趣的人，兩者之間天差地別。

說明型業務員為了使對方感興趣，必須以最快的速度展開說明，因此總是簡單打個招呼，就以「我今天來是……」作為開場白，展開說明。

發問型業務員則是尋找感興趣的人，**為了評估顧客是否有興趣，必須讓他好好回答自己的問題**，於是得讓顧客靜下心，認真傾聽自己說的話。**因此會問顧客「可以耽誤您一點時間嗎」，確保對方願意撥出時間**。

以結果來看，說明型業務員不惜剝奪顧客的時間，也要對方聽自己說明，而**發問型業務員為了讓顧客好好思考問題，會先向對方取得撥出時間的許可**。

不過，發問型業務員為了讓顧客答應撥出時間，所問的問題會隨著用電話邀約或直接登門拜訪而不同。如果硬要說哪一種方式比較理想，由於直接登門拜訪可以見到對方，比較容易說出這句話。

對於經由介紹而致電預約時間的顧客，可以大方的從這句話切入。對於第一次接觸的顧客，則必須謹慎且迅速的問：「可以耽誤您一點時間嗎？」

此外，倘若明顯感覺顧客在忙，不妨省略這句話，直接進入下一個問題。比方說，在前面的例子裡，直接提出切入正題的問題，例如：「不好意思，請問您有孩子嗎？」

假如顧客願意回答下一個問題，就足以判斷「耽誤他一點時間也無妨」。顧客若是沒時間，會以「現在正在忙」打斷你的問題。

不論如何，發問型業務員自始至終都在尋找感興趣的人，並且以這個觀點爭取與顧客見面的機會，所以情緒上比較放鬆。

POINT

重點在於，先取得客戶願意回答問題的時間。

想讓人暢所欲言，關鍵不在於開朗熱情，而是……

【說明型業務】

「給予客戶深刻的印象，讓對方聽自己說話。」

【發問型業務】

「謙恭有禮又溫和的應對，讓客戶暢所欲言。」

說明型業務員非得讓顧客聽自己說明不可，所以不管三七二十一，把重點鎖定在引起對方的興趣。

打電話時話術至關重要。直接登門拜訪時，除了話術以外，還會利用引人注目的姿勢或肢體語言，加上視覺上的資料等，試圖加深對方的印象。

大約距今三十年前，我曾經使用以說明型為主的業務法，長達十二年的時間。當時，我滿腦子想的都是如何挑起顧客的興趣，讓對方聽自己說話。

直接登門拜訪時，從進門的方法、敬禮、打招呼、交換名片、發聲，坐姿等，全都有一套標準流程。不斷訓練自己，隨時都要表現出能引起顧客注意的言行舉止。

或許是這套作法奏效，我身為說明型業務員，成績在所屬的業界經常保持在全國前五名，五年累積下來奪得第一名。當時，我給自己的定位並不是業務員，而是以該領域專家的身份，大大方方前去拜訪顧客。

一般人都認為業務員應該要開朗、熱情，但實際上，這麼做一點效果也沒有。

因為「業務＝銷售員」給人的印象根深柢固，倘若不讓顧客產生「業務＝諮詢顧

問」的印象，他們不會把話聽進去，特別是現在這個時代。實際上，這種作法在我成為發問型業務員之後，也相當有幫助。

然而，這只是一開始。業務員必須了解顧客的需求，因此必須讓對方發言。發問型業務員深知這一點，會在與顧客應對時，**使用謙恭有禮又溫和的態度**。

每個人都希望被禮貌的對待，一旦被溫和的對待，就會不自覺的說出內心話。所以，我們應該要以這樣的態度來應對顧客。

POINT

為了讓客戶暢所欲言，要謙恭有禮又溫和的應對他們。

別像連珠炮說個沒完，用提問爭取見面機會

【說明型業務】
「您好，我登門拜訪的時候會帶△△過去給您。此外……」

【發問型業務】
（若客戶興趣缺缺）「這樣啊，您現在對什麼事比較感興趣呢？」

說明型業務員會利用說明，來挑起顧客的興趣，加深他們的印象，試圖爭取見面機會。

重點在於，說明型業務員必須不斷的說明，想盡辦法讓顧客有反應。例如以下的對話情境：

說明型：「您好，這次有個對令公子或千金很有幫助的補習班資訊，所以想拜訪您。」

客　戶：「我對補習班不怎麼感興趣。」

說明型：「我會帶著《養成孩子學習習慣》這套非常受歡迎的教材，前去拜訪。」

客　戶：「我不需要。」

說明型：「此外，這次有特別的促銷活動，會贈送敝公司的免費試聽券。」

客　戶：「這我也不需要。」

說明型業務員會像上述一般，說明得沒完沒了，並試圖找出吸引顧客注意的地方，再加強說明重點。但是，如果找不到吸引顧客注意的部份，就等於白忙一場。

說明型業務員採取的方法是說服，因此大部份的業務員會一直說話。

發問型業務員採取的方法是讓顧客接受。業務員想讓顧客本身理解、認同，願意撥空見自己一面，重點在於要隨時觀察對方是否理解、接受。

發問型：「您好，這次有個對令公子或令千金很有幫助的補習班資訊，所以想拜訪您。」

客　戶：「我對補習班不怎麼感興趣。」

發問型：「這樣啊，**您現在對什麼事比較感興趣呢？**」

客　戶：「要我說的話，大概是孩子想做什麼吧。」

發問型：「原來如此，**請問這是什麼意思呢？**」

客　戶：「我認為讓孩子從小就找到自己喜歡做的事，讓他們朝著那個方向去發展比較好。」

發問型：「**原來如此，您真是非常認真為孩子著想，當您的小孩一定很幸福！**其實我們有個名為「升學就業指導」，為孩子的未來找出方向的部門。**若您方便的話，我想向您介紹關於這方面的事。**」

客　戶：「是嗎？這樣的話倒是可以聽一下。」

發問型業務員總是以問問題的方法，探詢顧客正在想什麼、對什麼事感興趣。就算要多花一點時間才能得到對方的答覆，他們也會耐著性子，什麼都不多說的等待。

在聽完顧客說的話之後，從中將自家的商品、服務，盡可能連結到有助於實現顧客理想的方向，爭取見面詳談的機會。

發問型業務員很清楚，唯有了解顧客的想法、顧慮，提出對他們有幫助的方案，才能讓他們心服口服的答應見面。

POINT

首先，要得到客戶的理解，進而約定見面詳談。

強迫顧客決定時間會碰釘子，推敲他的反應再進攻

【說明型業務】

「這件事一定對您有幫助。我想親自登門拜訪，不知道您是○月○日○點，還是△月△日△點比較方便呢？」

【發問型業務】

「我想這對您有幫助，所以希望能親自登門拜訪，可以給我一點時間嗎？」

對說明型業務員來說，與顧客約定時間見面，說明商品或服務是最重要的，因為若進行順利，便能從見面延伸到簡報，一氣呵成。

因此，說明型業務員無論用什麼方法，都希望能明確的與顧客敲定見面時間。可是，顧客若是尚未接受，就不會答應見面，所以很難敲定時間。結果，光是跟顧客約見面，就花掉一天大半的時間了。

說明型：「您好，這件事一定對您有幫助。我想親自登門拜訪，不知道您是〇月〇日〇點，還是△月△日△點比較方便呢？」

客　戶：「剛才說過了，我沒興趣……。」

說明型：「只要給我一點時間就好，您聽完一定會很滿意。」

客　戶：「不用了。」

說明型：「就算只給我五分鐘也沒關係，〇月〇日〇點或△月△日△點，請問您什麼時候會在家呢？」

客　戶：「〇日的話應該會在吧。」
說明型：「好的。那就〇月〇日〇點，我會前去拜訪您，請多多指教。」

即使爭取到預約，真的去顧客那裡，對方也不見得專心聽你說話，甚至根本不在也有可能。結果，這成了非常沒效率的工作。

問題在於，說明型業務員認為無論用什麼方法都行，總之先取得預約再說，只要能創造出見面說明的狀況就好。

另一方面，發問型業務員不是那麼在乎有沒有預約到拜訪，因為他們很清楚比起取得預約，找出對商品或服務感興趣的潛在顧客比較重要。

只要爭取到與感興趣的顧客見面，前往拜訪的時候，就不會發生對方不聽自己說話，或根本不在的狀況。

發問型：「我想這對您有幫助，所以希望能親自登門拜訪，可以給我一點時間嗎？」
客　戶：「不是不能給你時間，但真的有用嗎？」
發問型：「**您對剛才聽到的說明有什麼感覺呢？**」
客　戶：「我覺得多少有一點參考價值。」
發問型：「如果您這麼覺得，不就夠了嗎？而且只耽誤您三十分鐘。」
客　戶：「好吧，如果只要三十分鐘的話。」
發問型：「那麼，〇月〇日〇點與△月△日△點，請問您什麼時候比較方便？」

由此可見，正因為利用發問的溝通技巧，才能讓顧客理解，答應見面。那麼，如果對方不答應見面，該怎麼應對呢？

詳細的解決方法，請參考下一節的說明。

POINT

比起取得預約，讓客戶產生興趣更重要。

看穿顧客對會面在意什麼，以見到對方為目標

【說明型業務】

「就算只給我五分鐘也沒關係，○月○日○點或△月△日△點，請問您什麼時候在家？」

【發問型業務】

「我有時候會經過那一帶，如果只是過去打個招呼，不知道是否方便？」

說明型業務員是以「取得預約」作為目標。如同前述，即使顧客已經拒絕說：「不用了」，業務員也會繼續糾纏：「就算只給我五分鐘也沒關係，〇月〇日〇點或△月△日△點，請問您什麼時候在家？」

因為他們認為只要見到面就能有所突破，並認為說明才是向對方宣傳的重點，能夠挑起顧客的興趣。

相較之下，發問型業務員基於「尋找感興趣的人」的思考模式，是以「能見到顧客」作為目標。

他們將重點放在，要與對自家公司領域感興趣的人見面。將顧客分成A、B、C三種等級，對需求較高的人進行提案，而對於需求較低的人，則先確認狀況，再評估提案時機。

對發問型業務員來說，**預約見面的目的與其說是向顧客說明提供的服務，不如說是先確認對方的需求等級**。因此，不會勉強顧客撥空見面，而是像以下對話，爭取見面機會：

發問型：「那麼，○月○日○點與△月△日△點，請問您什麼時候比較方便呢？」

客　戶：「具體的時間我也說不準，無法向你保證。」

發問型：「我明白。那麼，我有時候會經過那一帶，如果只是過去打個招呼，不知道是否方便？」

客　戶：「如果只是這樣的話，當然沒問題。」

發問型：「謝謝。那麼，請問您是平日還是週末，比較有可能在家？」

客　戶：「主要還是週末。」

發問型：「好的。請問您是上午還是下午比較有空？」

客　戶：「上午。」

發問型：「了解。那麼，如果我週末上午經過那一帶時，剛好您也在家，請讓我過去打個招呼。」

客　戶：「好的。」

發問型：「那麼請多多指教，很期待能與您見面。」

發問型業務員考量的是，如何讓顧客卸下心防，答應見面。若是要辦到這一點，必須看穿顧客關注的重點。

POINT

不要勉強客戶與自己見面。

別只想著衝業績，超業會思考能否助客戶一臂之力

【說明型業務】

「思考利用拜訪來提升業績。」

【發問型業務】

「思考透過拜訪來協助顧客。」

在約顧客見面時，說明型業務員會尋找願意聽自己說明的人。

對說明型業務員來說，最重要的莫過於透過自己的說明，激發顧客的興趣，進而銷售出商品或服務。

由於說明型業務員以這種思考模式工作，因此在約顧客見面的時候，會開始思考賣不賣得出去。

發問型業務員在約顧客見面時，會尋找感興趣的人。為了找出那樣的人，會在電話中善用問題來蒐集資訊。

對發問型業務員來說，最重要的莫過於顧客對自己的服務是否感興趣，因為這關係著自己能不能助對方一臂之力。以這種思考模式來工作，會越來越替顧客著想。

對說明型業務員來說，終點是完成銷售，但是對發問型業務員來說，幫助顧客才是終點。從業務的觀點來看，目的上的差異會造成後續各種分歧。

這一章解說了兩種業務法在邀約顧客見面時的差異，實際上，在接下來的簡報、成交收尾、後續追蹤的階段，也都會造成截然不同的影響。因為發問型業務員以協助顧客為目標，不光是邀約見面，還會將此推廣到所有的業務活動上。

其中，最重要的環節是「後續追蹤」（請參考本書第六章）。業務員在作後續追蹤時，也可以確認顧客是否確實得到商品的助益，感覺到服務的價值。

就這個角度而言，業務員在作後續追蹤時，不可能偷工減料，因此顧客自然抱持感謝的心。如果業務員隨時都感受到顧客的謝意，就會對自己的工作抱持越來越強烈的喜悅與信心，而顧客也會想回饋業務員，例如：接受業務員的請託、幫業務員介紹更多人。

以上提到的差異，不只會影響跑業務的方法，更掌握了業務員是否生意興隆、公司是否能鴻圖大展的關鍵。

POINT

最大的重點在於協助客戶。

NOTE

第3章

你問過顧客，為何願意見面嗎？

表明想協助顧客，對方會比你還積極

【說明型業務】

「我的提案會對您有幫助。」

【發問型業務】

「我想助您一臂之力。」

這裡所謂的拉近距離，意指接近顧客，也就是業務員對顧客打電話或直接登門拜訪，約好見面詳談的時間，實際見到對方。

說明型業務員展開攻勢的最大目的，是讓顧客聽自己說明，因為他們認為，只要顧客願意聽自己說明，就能引起對方的興趣，讓對方覺得自家商品能滿足需求。

因此，無論如何，他們會展現出想盡快讓顧客聽說明的姿態。實際的對話情況，請參考以下範例：

說明型：「今天非常感謝您願意撥時間給我。請問直接在這裡開始嗎？」

客　戶：「是的，這裡就行了。」

說明型：「之前突然打電話給您，真不好意思。如同在電話裡說過的，我們提出的方案獲得許多客戶支持，我想您一定也會喜歡。」

客　戶：「是嗎？」

說明型：「我相信今天敝公司的提案一定會對您有幫助。」

客　戶：「是嗎。」
說明型：「那麼，我馬上為您做說明。」

說明型業務員認為，唯有說明才能挑起顧客的興趣，對他們有幫助，所以為了提升說明的價值，而陷入「單方面積極主動」的局面。

發問型業務員則是將商品和服務，作為滿足顧客需求的方法來提案，所以最初展開的攻勢就和說明型不同。

實際的對話情況，請參考以下範例：

發問型：「今天非常感謝您願意撥時間給我。請問直接在這裡開始嗎？」
客　戶：「是的，這裡就行了。」
發問型：「之前突然打電話給您，真不好意思。如同在電話裡說過的，我們提出的方案獲得許多客戶支持，但我認為重點在於能不能對您有幫助。」

客　戶：「一點也沒錯。」

發問型：「因此，我想先請教您幾個問題，可以嗎？」

客　戶：「可以啊。」

發問型：「謝謝。話說回來，請問您今天為什麼會願意見我？」

像上述這麼說，顧客會覺得：「原來他不是一面倒的推銷，而是先問我的需求。」光是這樣，就可以讓顧客的態度變得積極一些。

說明型業務員總認為自己的提案很有幫助，打從一開始就只想讓對方聽自己說明，而**發問型業務員則是想助顧客一臂之力，先傾聽對方的需求**。

兩者最大的差異就是，前者只考慮自己的想法，而後者則先考量對方在想什麼。這也就是第一章提到的「超業賣的不是商品本身，而是問題解決方案」。

POINT

從傾聽客戶的需求開始。

問顧客「為何願意見面？」來探知對方心思

【說明型業務】

「那麼，我馬上為您做說明。」

【發問型業務】

「話說回來，請問您今天為什麼會願意見我？」

說明型業務員認為，說明對顧客才是有價值、有幫助的東西，也被教育成要從這個角度切入。

因此，無論顧客的反應是什麼，業務員都會回應：「那麼，我馬上為您做說明」，自顧自的開始說明。

這其實是個很大的錯誤。在這個資訊化的時代，顧客本身也會進行各式各樣的調查。因此，比起向對方說明，更重要的是滿足他們的需求，解決問題。

發問型業務員努力問出顧客的想法，引導對方說出需求，從實現願望或解決問題的角度，助他們一臂之力。

說得極端一點，**倘若自己的商品、服務對客戶沒有幫助，發問型業務員甚至還會抱著介紹別的東西給顧客的決心**。對話範例如下所示：

發問型：「謝謝您。話說回來，請問您今天為什麼會願意見我？」

客　戶：「因為你說對孩子的將來有幫助。」（認為或許對教育有幫助）

發問型：「原來如此，我想肯定會有幫助。」

顧客願意見業務員一定有原因，無論那份情緒是強烈還是微弱，總之一定有某種理由或動機。

這一點非常重要。**因為顧客願意見面，並不是因為業務員求見就答應見面，而是他內心有某個原因促使他同意**。業務員了解這層原因後，就會產生「想助顧客一臂之力」的心情。

對於業務員的提問，顧客不一定會老實回答原因或動機。這時，只要體貼的詢問具體事項就好。

發問型：「謝謝您。話說回來，請問您今天為什麼會願意見我？」

客　戶：「因為你讓人感覺很熱忱。」（其實是因為剛好有時間）

發問型：「謝謝。只是，如果完全沒有必要的話，我想您應該不會見我。請問是不是有什麼其他的原因？」

客　戶：「說的也是呢，其實是……。」

不需要猶豫不決，只要發問，對方就會回答。也可以在寄資料時詢問：「請問對資料的內容有什麼特別在意的地方嗎？」

說明型業務員是以業務員的身份面對顧客，發問型業務員則是以諮詢顧問的身份面對顧客。兩者不同的定位會呈現截然不同的結果。

POINT

客戶答應見面的原因，也就是他背後的動機，通常會對你有幫助。

與對方閒聊近況，製造親切感再切入正題

【說明型業務】
「那麼，首先請容我說明一下敝公司。」

【發問型業務】
「話說回來，貴公司目前正從事什麼樣的業務呢？」

說明型業務員在一開始打完招呼後，就表達今天的來意。

接著，多少會探詢顧客的近況，把顧客的公司、個人近況也視為對話的一環。但是，對說明型業務員來說，聽再多顧客的事，也跟接下來要說明的內容沒有太大關係。

說明型業務員會詢問顧客的事，只是基於「若能讓氣氛輕鬆一點就好了」的心態。因為他們認為自己要說明的內容比較有價值，在說明的過程中，顧客會依自身現狀對號入座，並感受到重要性。

對說明型業務員來說，能讓顧客感受到價值的，應該是自己的說明。

說明型：「那麼，首先請容我說明一下敝公司。然後我會請教您幾個問題，再說明這項商品、服務能對您產生什麼樣的幫助。」

客　戶：「好的。」

雖然過程有說到：「然後我會請教您幾個問題……」，但是對說明型業務員來說，這只是為了說明商品與服務的禮貌性說法，重點還是落在說明上。

然而，對發問型業務員而言，重點完全不一樣。**傾聽顧客公司或個人的事，才是最重要的**，因為要從這些談話中引導出顧客的需求。

> 發問型：「話說回來，**貴公司目前正從事什麼樣的業務呢？**」
> 客　戶：「目前正從事與印刷有關的工作。」
> 發問型：「這樣啊。**具體來說是哪種工作呢？**」
> 客　戶：「這個嘛，是關於……。」
> 發問型：「原來如此。做得有聲有色呢。**公司成立至今已經幾年了？**」

業務員藉由這樣打聽公司歷史或個人近況，可以蒐集到其他人不知道的資訊，會與顧客變得越來越親近。

顧客透過聊自己的事，也會對業務員產生親近感，更樂意說出自己或公司的資訊。在交談的空檔中，業務員還可以提及自己的事，讓彼此的關係變得更融洽。

透過這樣的對話，雙方可以在非常短的時間內拉近距離，建立能說出真心話的關係。如此一來，能讓顧客更認真思考本身的需求，並且願意分享。

POINT

讓客戶產生親近感。

強摘的瓜不甜，要誘導顧客說出初衷的想法

【說明型業務】

「很多客戶都向我們反應，希望能讓日常生活過得更愉快。」

【發問型業務】

「您希望怎麼做呢？」

說明型業務員因為以說明為主，會向顧客舉出其他人的例子，藉此激發對方需求，例如：「有○○之類的反應」、「聽到很多○○之類的意見」、「很多人都說想弄成像○○那樣」等。詳細的對話範例如下所示：

說明型：「很多客戶都向我們反應，希望能讓日常生活過得更愉快。您是否也這麼想呢？」

客　戶：「嗯。」

說明型：「我想也是。我們這次開發的商品就是因應廣大客戶的需求，協助改善大家的問題。」

客　戶：「是噢。」

從上述的說法，可以看出業務員的發言完全以自我為中心，根本不聽顧客的想法。因為若顧客暢所欲言，而說出反面的意見，會讓事情變得很複雜，所以乾脆連聽都不想聽。如此一來，合約是談不成的。

發問型業務員則截然不同。他們很清楚重點在於顧客的需求，所以把重點集中在這方面，直接詢問對方。

發問型：「**您希望怎麼做呢？**」
客　戶：「我希望能讓日常生活過得更愉快。」
發問型：「這樣啊。**您希望如何更愉快呢？**」
客　戶：「我希望能有多一點的時間陪家人。」
發問型：「原來如此。**有什麼事是您想跟家人一起做的嗎？**」
客　戶：「這個嘛……。」

把重點放在顧客身上，聽他傾訴。不需要多提其他人的意見，重點在於顧客的需求是什麼，以及為了解決他的需求該提供什麼樣的方案。

業務員拜訪顧客是為了解決他們的需求、問題。

POINT

請直接詢問客戶，他期望的是什麼。

引導思考比開門見山更有效，重點是讓對方感動

【說明型業務】
「問題在於……。」

【發問型業務】
「有什麼問題嗎？」

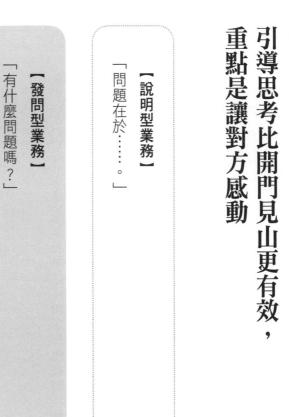

說明型業務員會在顧客心中種下需求，然後告訴對方無法實現需求的原因，以及自己能提供幫助他們實現的方法。

說明型：「有很多像董事長您這樣的客戶向我們反應，希望讓日常生活過得更愉快，但無法實現的原因主要在於太忙。為了解決這個問題，唯有培養接班人。」──（**告訴客戶答案**）

客　戶：「話是這麼說沒錯。」

說明型：「對吧！因此我們規劃培養接班人的研修課程，針對接班人必備的條件進行加強指導。其中，特別值得一提的內容是……。」

客　戶：「是嗎。」

雖然顧客知道業務員言之有理，但免不了產生被人說服的感覺，因為業務員把顧客所想的事都先講出來了。

所以，顧客會產生類似這樣的想法：「是這樣沒錯，但總覺得好像被刻意誘導到這個方向」、「我了解業務員的意思，也知道他說的話的確有道理，但就是不想順了他的意」。

說明型業務員會拚命說明，一心想推顧客一把，卻依舊無法改變他們的心意。這是說明型業務法遭遇的問題。

有一個詞叫作「感動」，意思是**人一旦有感覺，就會行動**。相較之下，沒有「理動」這個詞，表示人就算明白道理，也不一定會採取行動。

所謂道理，是指事物的原理、法則，正確的理論、身為人的正道。即使業務員說的道理是正確的，顧客也不一定聽得進去，因為他們想自己思考並做決定。

對發問型業務員來說，最重要的是顧客的感覺。他們會讓顧客自己思考、導出答案，直到確定自家的商品與服務對顧客有幫助，才會向對方提案。

發問型：「有什麼事是您想跟家人一起做的？」**（詢問需求）**

客　戶：「這個嘛，我想跟家人去國外悠閒的旅行。」

發問型：「聽起來好棒啊。**那麼，現在是什麼狀況呢？**」**（詢問狀況）**

客　戶：「工作太忙，實在騰不出出國旅行的空檔，也沒有人可以當我的職務代理人。」

發問型：「這樣啊。**那麼，問題出在哪裡？**」**（找出問題）**

客　戶：「還是得培養可以代替我工作的人。」

發問型：「原來如此。**您為此做了哪些努力？**」**（詢問解決方案）**

客　戶：「有候補人選，但是還不成氣候。」

發問型：「原來如此。那麼，的確得想辦法培養接班人。**要是有方法就好了，對吧？**」**（再次確認需求）**

客　戶：「那是當然。」

發問型：「不瞞您說，**我們有辦法可以培養接班人。**」**（提出提案）**

客　戶：「真的嗎？」

發問型：「其實在敝公司的研修課程裡，有個接班人培養課程，針對接班人必要的條件進行指導。關於其內容……。」

讓顧客面對自己的需求，思考現在是什麼情況、問題出在哪裡、做了哪些努力、真正想做什麼。然後，引導對方自己找出該怎麼做的答案。

有鑑於此，倘若自家的商品與服務能幫上顧客的忙，才向對方提案。這時，發問型業務員的立場並不是業務員，而是顧客的諮詢顧問。

POINT

並非告訴對方答案，而是引導對方自己找出答案。

超業不會說「拜託您」，反而是顧客主動說「麻煩你了」

【說明型業務】

「請務必聽我說。」

【發問型業務】

「可以聽我說一下嗎？」

說明型業務員也會為顧客著想，來介紹商品。事實上，我在當說明型業務員時，也是這麼想、這麼做。

然而，採取的作法卻是教育顧客。雖然顧客會恍然大悟「原來如此」，但總是欠缺最後的臨門一腳。

這是因為業務員覺得：「若能做簡報，讓顧客聽到我對商品與服務的具體說明，他們肯定會了解」、「肯定會採用」，想盡辦法要向顧客簡報。

然而，對顧客來說，還是少了一點什麼，狀況可能變成以下這樣：

說明型：「若您方便，請聽一下我們的商品與服務內容，我想這會對您有幫助。請問您有時間嗎？」

客　戶：「呃，有是有。」

說明型：「既然如此，請務必聽我說，一定會對您有幫助的。」

客　戶：「是嗎。」

說明型：「拜託您了。」

在這種狀態下，就算能進行簡報，顧客的心態也會變成「因為業務員苦苦哀求，只好抽出時間」、「算了，就姑且聽之」，認真傾聽的動機極為薄弱。只要顧客覺得事不關己，簡報內容就無法對他產生幫助。

另一方面，發問型業務員是從需求開始，讓顧客自己思考，進而引導出該怎麼做比較好的答案。倘若有對這個答案有幫助的商品與服務，顧客當然會產生興趣及關心。

發問型：「我認為我們的商品與服務會對您有幫助，您想不想聽聽看？」
客　戶：「這樣啊，我有點興趣呢。」
發問型：「那麼，若您方便，可以聽我說一下嗎？」

客　戶：「可以啊。麻煩你了。」

在發問型業務員的例子裡，顧客主動說出「麻煩你了」。這是因為業務員詢問顧客的心情，讓對方自己思考並回答。

在簡報方法上，說明型業務員與發問型業務員也有很大的差異。下一章將為各位介紹簡報的方法。

POINT

讓客戶主動說出「麻煩你了」。

第4章

產品簡報時，80% 的時間留給對方問問題！

詢問顧客聽簡報的理由，讓他覺得是為了自己聽

【說明型業務】

「您好，今天非常感謝您願意撥冗見面。我想您一定很忙，所以事不宜遲，我馬上為您報告。」

【發問型業務】

「您好，今天非常感謝您願意撥冗見面。話說回來，您今天為什麼會想要聽我說呢？」

對說明型業務員來說，簡報是能夠發揮自己看家本領的舞台。

他們認為：「只要顧客願意聽我說明，肯定會採用這項商品、服務。」並且覺得能得到這個機會非常值得高興，因此，說明型業務員會自然而然的說出感謝的話語。

說明型：「您好，今天非常感謝您願意撥冗見面。」
客　戶：「哪裡，你太客氣了。」
說明型：「我想您一定很忙，所以事不宜遲，我馬上為您報告。」
客　戶：「好的。」

說明型業務員認為，顧客願意撥出時間見自己，所以向對方致謝是理所當然的，也是基本禮貌。

然而，這裡卻有一個很大的陷阱。說明型業務員表達的謝意，是感謝顧客願意抽空，認為對方是為了自己特別抽出時間。

然而，對顧客來說，這代表簡報並非很需要，只是因為業務員說了才撥冗聽聽而已。顧客實際上不是那麼想聽業務員說話。

發問型業務員非常了解這一點，深知簡報從頭到尾都是為了顧客。

發問型：「您好，今天非常感謝您願意撥冗見面。」

客　戶：「哪裡，你太客氣了。」

發問型：「話說回來，**您今天為什麼會想要聽我說呢？**」

客　戶：「呃，因為我對你前些日子提到的事非常感興趣。」

發問型：「這樣啊，謝謝。**您是指哪個部份呢？**」

客　戶：「我發現你問我關於培養接班人的問題時，我並沒有明確的答案呢。」

藉由詢問顧客願意撥空聽簡報的原因，能讓對方產生自覺，認為「我是為自己聽簡報」。

此外，業務員也會這麼認為：「我接下來要做的簡報，是為了解決顧客的那個問題」。

以此作為切入點，發問型業務員會從一開始，就把自己的立場定位在解決顧客問題的顧問、諮商師，並且讓對方也有同樣的感覺。

如此一來，簡報便在發問型業務員的主導下進行，顧客也會仔細聆聽該聽進去的部份，坦誠說出想說的話。

POINT

要讓客戶認為，我是為了自己聽簡報。

活用「忘卻曲線」，幫對方回憶上次的感想

【說明型業務】
「太好了，那麼今天把那件事再討論得具體一點吧。」

【發問型業務】
「答案跟上次一樣也沒關係，可以請您再說一次嗎？」

第一次見面的目的，通常是拉近與顧客的距離，第二次見面才會進行到簡報的階段。如果是平常使用的日常用品或價格較低的商品，也可能在拉近距離後馬上進行簡報，這時就可以跳過這個章節。

然而，第一次與第二次見面要間隔多久，這點至關重要。人類具有健忘的習性。艾賓浩斯曾提出忘卻曲線的學說，裡頭提到人類聽進去的資訊，一年後就會忘掉七四％。

即使在第一次見面努力拉近距離，約定好隔天進行第二次見面，他們幾乎會忘記全部的談話內容。

對說明型業務員來說，這些都不重要，因為他們認為接下來要說明的簡報內容才是一切。對他們來說，上一次與顧客說的話只是為了取得作簡報的機會，頂多再問一下上次的感想，給人的感覺是「只想趕快做簡報」。

說明型：「您對上次說的那些有什麼感想？」

客　戶：「我回去後稍微思考過一下。」
說明型：「這樣啊，太好了，那麼今天把那件事再討論得具體一點吧。」
客　戶：「好。」

儘管顧客都回答「我回去後稍微思考過一下」，業務員聽了卻不問對方「您想了些什麼」，反而只想趕快進入主題，對顧客的聲音充耳不聞。

然而，發問型業務員認為，重點在於顧客的需求，而自己提出的方案是為了實現或滿足對方的需求。在第一次與顧客拉近距離時，曾經討論過需求，也跟顧客約定，要討論解決問題的方法，所以才能爭取到這次的簡報機會。

然而，如同前面提到的艾賓浩斯忘卻曲線，隨著時間經過，人們會忘記大部份的內容。如此一來，顧客就會搞不清楚自己是為了什麼抽出時間來。這時，發問型業務員會一面詢問顧客對於上次的感想，引導他回想起自己的動機。

發問型：「您對上次說的那些有什麼感想？」

客　戶：「我回去後有稍微思考了一下。」

說明型：「這樣啊，那真是太好了。**您想到了什麼？**」

客　戶：「我發現你問關於培養接班人的問題時，我並沒有明確的答案呢。」

發問型：「原來如此。答案跟上次一樣也沒關係，**可以請您再說一次嗎？**」

客　戶：「可以啊。關於這個嘛，上次說到……。」

發問型業務員會告訴顧客「答案跟上次一樣也沒關係」，引導對方再說一次。這是為了讓顧客透過說出同樣的話，幫助他回想。

這時的**重點在於，業務員不要將顧客說的話作結論**。因為讓顧客自己把話說出口，有助於加深顧客的感受，重複說出更能加強效果。

深諳此道的發問型業務員，**比起說明商品與服務，會把重點放在讓顧客回想起說過哪些話**。

POINT

讓客戶自己再次說出同樣的話。

在簡報的開場白，讓顧客說出課題來鎖定重點

【說明型業務】
「請容我再整理一次您的狀況，以及目前的問題。」

【發問型業務】
「可以請您再說一次您的狀況，以及目前的問題嗎？」

顧客在聽完上次的感想後，為了讓他再度從自己的狀況想起需求，業務員需要作一段開場白。

說明型業務員會基於上次談話的內容，整理出顧客這次願意聽簡報的原因，並且由業務員說出來。

因為重點在簡報，說明型業務員認為趕快開始簡報比較重要。

說明型：「還有，我想確認一下上次談話的內容，所以請容我再整理一次您的狀況，以及目前的問題。」

客　戶：「好的。」

說明型：「根據上次的談話內容，您……，是這樣沒錯吧？」

客　戶：「沒錯。」

直接說明之後再加以確認，即使業務員問顧客：「是這樣沒錯吧？可以這樣認為嗎」，但最後對話還是成為純粹的總結。

發問型業務員的觀點截然不同。他們的重點在滿足需求、解決顧客的問題。當這一點越明確，越能抓住簡報時要說明的重點。因此，業務員不會替顧客下結論，而是讓對方從頭到尾再複述一遍。

發問型：「**我想再確認一次上次的談話內容，可以請您再說一次您的狀況，以及目前的問題嗎？**」

客　戶：「再說一次嗎？由我來說嗎？」

發問型：「是的，可以的話，想麻煩您一下。雖然我這邊已經理解了，但是您再整理一次，可以加深您對目前狀況的理解。」

客　戶：「原來如此，好啊。」

業務員會透過這樣詢問，引導顧客自己說出口。讓顧客重複一遍自己的話，問題會比上次更有條有理，也會更明確。

總之，發問型業務員會在這裡多花一點時間。對他們來說，這才是簡報應該要給人的感覺。

POINT

藉由讓客戶自己說出課題，鎖定重點。

顧客只想知道商品有何益處，所以先由此開始說明

【說明型業務】

「我將按照順序說明這項商品的內容。」

【發問型業務】

「我先做重點說明，這項商品對您現在的問題有什麼幫助。」

接下來就是望眼欲穿的簡報了。

這是能讓顧客知道商品價值的階段，所以有的業務員會在拜訪前先進行角色扮演，模擬練習說明的情況。說明型業務員習慣依序說明商品的概要、內容，以及對顧客有什麼好處。

然而，顧客只想知道商品、服務對自己有什麼幫助。重點在於，這項商品或服務能如何滿足自己的需求、如何解決自己的問題。因此，說明型業務員與顧客之間，容易產生代溝。

說明型：「終於要進入說明商品的階段，接下來我將按照順序，說明這項商品的概要和內容，以及商品能帶給您什麼樣的好處。」

客　戶：「好的，請說。」

說明型：「首先是概要，敝公司的商品有……，接著是商品的內容……，至於商品能帶給客戶的好處……。」

客　戶：「那個……。」
說明型：「有什麼問題嗎？」
客　戶：「針對我想解決的〇〇，有什麼幫助嗎？」
說明型：「關於這一點，別擔心，我馬上就要提到了，請稍安勿躁。接下來是第二號的商品……。」
客　戶：「……。」

說明型業務員在簡報時，經常會出現上述這樣的狀況：無視顧客的存在，自顧自說得口沫橫飛。因為業務員不希望說明的順序被打亂，想按照事先決定的劇本說下去，藉此讓顧客留下深刻印象。

我在使用說明型業務法時，也經常會犯這樣的錯誤。當時，我的作法是製作視覺化範本，再照著進行說明，但顧客通常會提出千奇百怪的問題，或者把話題岔開，讓人很難照著原本的預定來說明。

相反的，當顧客安靜傾聽時，又一口氣的往下說，結果說的都是一些表面話。所以，當時我很煩惱，不知道該怎麼解決這個問題，但自從改用發問型業務法後，問題一下子就解決了。

發問型業務員認為詢問顧客比較重要。關鍵在能激發出對方多大的需求，能否讓問題盡量明確化。有鑑於此，會把大部份的時間都花在確認顧客有什麼問題。

發問型業務員會把八成的見面時間，都花在詢問顧客，再把剩下的兩成時間用在簡報上。說明型業務員則是只用兩成的時間來詢問顧客，然後把剩下的八成時間花在簡報上。

發問型：「關於商品的內容，我先做重點說明，這項商品對您現在的問題有什麼幫助，以及將怎麼實現您的願望。」

客　戶：「對，你說得沒錯。」

發問型：「那麼，**接下來就討論這件事吧**。」

客　戶：「好的，麻煩你了。」
發問型：「可以請您看一下型錄上的這個部份嗎？」
客　戶：「好。」

說明型業務員會將重點鎖定在說明自己會如何解決顧客的問題，並且會準確的告訴對方方法。只要能表達出商品整體的概念，說明便到此結束。

對發問型業務員來說，所謂的商品簡報，是為了實現顧客的需求、解決對方的問題。

POINT

先從對客戶有幫助的事開始作簡報。

不強塞自己的意見，要確認顧客當下的心情

【說明型業務】

「果然還是……對吧。」

【發問型業務】

「請問您對……有什麼感覺？」

說明型業務員希望以自己的方法，向顧客說明商品的特色，以及對他有什麼幫助，所以一開始就備妥劇本，希望能依序演出，讓簡報富有震撼效果。

為了不讓顧客把話題岔開，專心聆聽說明，說明型業務員多半將問題設計成斷定式問句，讓對方只能回答「YES」。

說明型：「您對自己的家最在意的還是外觀對吧？」
客　戶：「是的，沒錯。」
說明型：「果然會在意牆壁的褪色吧？」
客　戶：「嗯，對呀。」
說明型：「因此，敝公司的裝修在外觀的塗料上下了不少工夫。請看這個。」
客　戶：「好的。」

顧客只回答「是、對、好」。對說明型業務員來說，重點在於顧客回答時的語氣，這關係著對方接受到什麼程度。

發問型業務員則把顧客的意見視為最重要，尤其會仔細的觀察對方當時處於什麼樣的心情。例如以下對話範例：

發問型：「請問您對自己的家最在意哪裡呢？」

客　戶：「果然還是外觀吧。」

發問型：「原來如此。這是為什麼呢？」

客　戶：「這個嘛。因為回家的時候，第一眼看到的還是房屋的外觀吧。而且來家裡做客的人第一眼看到的也是外觀。」

發問型：「原來如此。那麼，請問您對自己家的外觀有什麼感覺呢？」

客　戶：「這個嘛。我想想，其實是……。」

發問型：「原來如此。其實，敝公司的裝修在外觀的塗料上下了不少工夫。請看這份資料。」

客　戶：「好的。」

發問型業務員的簡報，會在讓顧客自由陳述意見的情況下進行。無論如何都要滿足顧客的需求、回答對方的問題，才是簡報的最大目的。

POINT

一定要確認客戶的心情。

引導顧客覺得「我就在找這個！」而心情愉悅

【說明型業務】

「說明是為了讓自己覺得心情愉悅。」

【發問型業務】

「說明是為了讓客戶覺得心情愉悅。」

對說明型業務員來說，簡報是大顯身手的機會。他們認為顧客若能感受到這項說明的價值，就會購買商品。

對說明型業務員來說，沒有什麼比顧客認真聽自己簡報更高興的事了。

說明型業務員有時會沉醉在自己的說明裡，心想：「這位顧客明白我說明的價值」、「我這番話真是說得太好了」。

對說明型業務員來說，說明會成為令自己心情愉悅的和弦。

然而，對發問型業務員來說，重點是顧客的需求。必須先徹底詢問清楚、掌握關鍵，然後才提出解決問題的方案，向對方推薦適合的商品與服務。

因此，顧客傾聽商品簡報時，心情是「原來還有那種解決方法啊」、「我就是在追求及尋找那個」。

因此，業務員對商品、服務的說明，會成為讓顧客覺得心情愉悅的和弦。

業務員本身沉醉在說明裡，與讓顧客沉醉在說明裡，是兩件天差地別的事。

POINT

提出顧客尋求的東西，會讓他的心情變得愉悅。

八成時間傾聽客戶說話，只用兩成時間來說明

【說明型業務】
「聽客戶說話佔兩成，業務員說明佔八成。」

【發問型業務】
「聽客戶說話佔八成，業務員說明佔兩成。」

說明型業務員認為，要在說明中加入能讓顧客感動、扣人心弦的內容。他們夢寐以求的境界，是顧客一直默不作聲的安靜聆聽，並且受到故事吸引，逐漸進入表演者的世界裡，不妨想成是**「由業務員主演的腳本」**。

說明型業務員只有在剛遇到顧客時，才會讓對方說話。稍微讓顧客說幾句話以後，接下來就照著事先寫好的腳本開始講故事。

最後，顧客說話的時間與業務員說明的時間，比例是二比八。

發問型業務員的主要任務，在於傾聽顧客說話。讓顧客暢所欲言，除了可以知道他的需求與問題之外，還能問出對方的公司及個人情報。

換句話說，也就是能深入談到顧客本身的思考模式、生存之道等話題。在上述過程中，發問型業務員會站在顧客的立場，產生「想助這位顧客一臂之力」的心情。

發問型業務員夢寐以求的境界，是業務員邊聽邊點頭，被吸引到顧客的故事裡，逐漸進入對方的人生，產生想支持他的心情，並且**基於支持對方的立場進行提案**，概念就是**「顧客主演的腳本」**。

最後，顧客說話的時間與業務員說明的時間，比例是八比二。

POINT

專注聽客戶說話，成為他的支持者。

第5章

成交前別只顧推坑，而是扮演顧問角色

詢問顧客感想來判斷情緒狀態，再進入成交收尾階段

【說明型業務】
「您意下如何？」

【發問型業務】
「您對剛才的說明有什麼感想呢？」

成交收尾階段是指簡報與商品說明結束後，終於要邁向簽約的階段。**原則是當顧客產生購買意願時，就可以進入簽約的步驟**。

此外，還有一項前提，那就是人類的行為原理。在前文中曾提到，這也就是**人只會照自身想法行動的心理**。當人們自己產生認同的感覺時，在自行思考、整理好想法之後，才會採取行動。**人類會先經過「感受、想法↓思考↓行動」的思考過程，然後採取行動**。一旦理解這一點，成交收尾階段便會變得極為簡單明確。

常聽到業務員抱怨：「不知道該怎麼收尾」，但只要把這個法則牢牢記在腦中，自然便知道該怎麼做。

說明型業務員多半不了解這一點，因為他們只顧著自己說明，不太關心顧客有什麼感覺、在想什麼。他們認為，重點在於自己的簡報能否給對方留下強烈印象。

在面對顧客的時候，有時一帆風順，有時不是那麼順利，但說明型業務員無論如何都會在說明結束後告一段落。一直在聆聽說明的顧客沒有機會整理想法，便隨著說明結束而停頓下來。

這時，說明型業務員因為突然無話可說，只好問顧客：「您意下如何？」而對話的情境如同以下案例所示：

說明型：「以上關於敝公司的商品、服務，已經全部說明完畢。」
客　戶：「這樣啊，解釋得很清楚。」
說明型：「**您意下如何？**」
客　戶：「呃，這個嘛，因為還不是很確定，可以讓我考慮一下嗎？」
說明型：「當然。請問有什麼問題嗎？」
客　戶：「沒有，只是機會難得，我想再好好思考一下。」

這個例子犯的錯，是業務員說的「您意下如何」這句話。因為業務員已經熱情說明到這個地步，所以對顧客而言，「您意下如何」這句話，聽起來就像是質問他們「要買嗎、不買嗎」的感覺。

對於這個問題，顧客自己都還沒有想清楚要如何使用或是有沒有用處，猛然被問「您意下如何」，會感到很傷腦筋，便會回答「請讓我再考慮一下」。這是因為說明型業務員把全部心力都用來說明，所以沒能考慮到顧客的心情。

發問型業務員在成交收尾階段使用的手法非常細膩，因為他們從簡報就很重視顧客的心情。一邊問問題、一邊說明，說到一個段落就詢問顧客的感想，如此周而復始。因此，**即使已經做完簡報，還會再確認顧客進入最終階段的感想**。

發問型：「以上關於敝公司的商品、服務，已經全部說明完畢。」
客　戶：「這樣啊，解釋得很清楚。」
發問型：「**您對剛才的說明有什麼感想呢？**」
客　戶：「我覺得好像會對我很有幫助。」
發問型：「謝謝。聽到您這麼說，我真是太高興了。**請問是哪個部份讓您有這種感覺呢？**」

客　戶：「嗯，聽起來對日常生活的保健似乎特別有幫助。」

先前已在簡報的每個階段都詢問過顧客的感想，最後則要在收尾前再次詢問顧客對於整體的感想。也可以問對方印象最深刻的是什麼，就能明白他對這項商品、服務有什麼印象。

發問型業務員會藉由詢問顧客感想，來判斷對方的情緒處於什麼樣的狀態，以此進入成交收尾階段，就能在重視顧客的心情下順利成交。

POINT

首先要確認整體的印象。

引導顧客說出意見，繼續提出更深入的問題

【說明型業務】

客戶：「聽起來很不錯。」業務員：「能得到您的肯定，我真是高興。」

【發問型業務】

客戶：「聽起來很不錯。」業務員：「請問是哪裡不錯呢？」

在成交收尾階段有一點很重要，那就是顧客的心情。

基於收尾原則，也就是當顧客產生有意願購買的心情時，就可以進入簽約的步驟。但有很多說明型業務員都搞不清楚這一點，因為他們都將注意力集中在說明上。

一旦得到顧客良好的反應，業務員會覺得是自己的說明受到讚賞，為此感到喜悅。

客　戶：「聽完你的說明，我覺得很不錯。」
說明型：「是嗎？能得到您的肯定，我真是高興。不過，我有件事忘了說，實際上……。」
客　戶：「哦，原來如此。」
說明型：「還有……。」
客　戶：「……。」

因為得到讚賞，覺得很高興，不禁想起忘記說的部份，又繼續說下去。根本不關心顧客的感想，自顧自的繼續滔滔不絕，這樣顧客怎麼可能受得了。

最後，顧客只要想到自己要是稍微稱讚一下，業務員或許又會開始長篇大論，就會沉默以對，盡量避免說些不必要的話。

發問型業務員則會透過問顧客問題，把重點放在對方回答的內容。為了聽到顧客的真心話，即使得到良好的回應，也會繼續提出更深入的問題。

客　戶：「聽完你的說明，我覺得很不錯。」

發問型：「謝謝。能得到您的肯定，我真是太高興了。**請問是哪裡不錯呢？**」

客　戶：「嗯，平常就可以輕鬆使用這點很不錯呢。」

發問型：「原來如此。**請問是怎麼個不錯法呢？**」

客　戶：「應該是平常就可以使用這一點，我想，這類產品都要持續使用才會有效果。」

發問型：「您真是內行啊！很有研究呢。」

發問型業務員不斷引導顧客說出感想及意見，**在引導意見的過程中，顧客也會逐漸透露出訊息，為自己說過的話佐證**。

如此一來，變成顧客說明該商品、服務的優點，業務員聽對方說明的局面，感覺就彷彿像是顧客在對業務員進行商品簡報一般。

透過這樣的對話方式，顧客會相信自己選到一樣好商品、好服務，業務員也會因為確認顧客買下這項商品，是因為符合需求，而感到喜悅。

POINT

善用問題，讓客戶滔滔不絕的說出優點。

將對方反對的見解置換成問題，讓他得以放心

【說明型業務】

客戶：「可是……」業務員：「關於這個問題……。」

【發問型業務】

客戶：「可是……」業務員：「可以請您再將問題說得更具體一點嗎？」

當顧客說出反對的意見時，該怎麼辦才好呢？

像這種時候，說明型業務員會感覺不只是商品、服務的內容，就連說明的自己也遭到否定，所以會下意識的為自己辯駁。

客　戶：「好是好，可是真的有辦法辦到嗎？」

說明型：「感謝您這麼直接的意見。大家也都這麼說。不過，關於這個問題……。」

客　戶：「嗯，我知道你要說什麼。」

說明型：「不是那樣的，我的意思是……。」

客　戶：「……。」

說明型業務員一聽到反對意見就馬上加以辯駁，若是顧客再提出反對意見，業務員又會繼續反駁，如此一來，業務員的情緒會變得越來越亢奮。

如前文所述，他們越是認為自己的說明很出色，越會陷入這樣的狀態。

至於發問型業務員，則不會有上述的反應。

因為對發問型業務員來說，反對意見只是顧客的疑問。由於業務員已經在拉近距離、簡報的同時反覆穿插著問題。理所當然，到了這個階段，顧客應該理解、接受到一定的程度。

因為深諳這一點，就算顧客在這裡提出反對意見，發問型業務員也會將其視為顧客的訊息，認為對方「想再多了解一下那個部份」。

客　戶：「好是好，可是真的有辦法辦到嗎？」

發問型：「原來如此。**方便的話，可以請您針對這部份再將問題說得具體一點嗎？**」

客　戶：「我在想能不能持續下去。」

發問型：「謝謝您的回答。您之所以會這麼說，就證明您真的很認真在考慮呢。」
客　戶：「嗯，或許是吧。」
發問型：**「可以再請您說得詳細一點嗎？是哪個部份讓您擔心無法繼續下去呢？」**
客　戶：「因為我經常要出差。」
發問型：「原來是這麼回事啊。那麼……。」

發問型業務員會把顧客的反對意見置換成對商品的疑問，針對其做出回答，讓對方得以放心。

這是因為從一開始拉近距離的階段，業務員就會反覆的透過發問，認真傾聽顧客說的話，因此才能辦到。

若是以顧客的角度來看，說明型業務員在最後成交收尾的重要階段變得情緒化，強烈主張自己的立場及意見，會讓業務員「只是想賣東西」的真正目的原形畢露。

另一方面，如果是發問型業務員，會更加冷靜的站在顧客的立場，讓對方覺得就像是與自己一起思考的有力伙伴。

POINT

將反對意見視為來自客戶的疑問。

成交前客戶難免會猶豫，再次確認他是否真心接受

【說明型業務】

「聽我的準沒錯！」

【發問型業務】

「重點在於採購這項商品或服務，是否真的對您有幫助。」

說明型業務員習慣用說明商品、服務的內容，來向顧客傳達商品的優點與好處。然而，一旦情緒太過激動、用力過猛，就會變成是在說服。尤其是，假如顧客無法接受說明的內容，就會覺得對方不理解自己的意見或考量。

說得極端一點，甚至會覺得這等於是在否定業務員的存在價值，所以會更努力的說明。

客　戶：「我覺得還不錯。」
說明型：「對吧。一定會對您有幫助的。」
客　戶：「話是沒錯啦。」
說明型：「聽我的準沒錯！」
客　戶：「……。」

顧客猶豫不決的部份，業務員會認為是自己的說明方法有問題，就會更賣力的試圖說服對方。

發問型業務員則是透過問問題來驅動話題，他們會和顧客討論該怎麼做才能解決問題。可說是隨時都在取得對方的理解，才繼續進行下去。

因此，他們很清楚在做出最終的判斷時，顧客能不能接受及認同才是最重要的。由於成交收尾是成交前最後的階段，也是顧客要下最重要判斷的時刻，所以不能躁進，必須比之前更加冷靜。

客　戶：「我覺得還不錯。」

發問型：「謝謝。能得到您的肯定，我真是太高興了。**請問您有什麼不滿意的地方嗎？**」

客　戶：「倒也不是這麼說啦。」

發問型：「重點在於採購這項商品或服務，是否真的對您有幫助。所以想針對這點與您討論，**有什麼想法都請您盡量提出來。」**

客　戶：「謝謝。」

正因為已經來到最後的成交收尾階段，發問型業務員認為，**這時更需要顧客真心的接受和理解**。畢竟一直以來，也都是基於顧客需求的考量為前提進行互動。

發問型業務員的核心關鍵，並不是在賣東西，而是在協助顧客，所以他們隨時隨地都會站在對方的立場上思考。

POINT

對於所有的問題，都是基於協助客戶來考量。

只缺臨門一腳，徹底扮演顧問角色，別只顧推坑

【說明型業務】

客戶：「讓我考慮一下。」業務員：「現在決定比較划算喔。」

【發問型業務】

客戶：「讓我考慮一下。」業務員：「請問是哪部份需要考慮呢？」

說明型業務員認為自己的任務是向顧客說明，讓對方充分了解商品、服務的內容及優點等。說明是為了讓顧客採用自己的商品與服務，並以此讓顧客滿意。因此，對說明型業務員來說，最重要的事就是讓顧客願意採用及購買。

發問型業務員同樣也希望顧客能採用自己的商品、服務。為此他們會致力於詢問對方的需求是什麼，問題又是什麼，好對症下藥。透過不斷詢問，表現出他們「想助顧客一臂之力」的心情。

基於上述想助對方一臂之力的心情，發問型業務員在提出問題或說明的過程中，會隨時想到自己的商品與服務，是否真的能幫助顧客解決問題，所以自然而然會想向對方確認。

在成交收尾的那一刻，相較於說明型業務員認為「商品、服務若不被採用，一切都是白搭」，發問型業務員則認為「就算商品、服務被採用，重點依舊在於要對顧客有幫助」。

隨著兩者的思考模式不同，最後在聽到顧客說出「讓我考慮一下」這句話時，反應也有很大的歧異。

【說明型業務員】

客　戶：「可以讓我再考慮一下嗎？」

說明型：「有什麼問題嗎？」

客　戶：「我覺得很好，但是還無法做決定。」

說明型：「原來如此。可是，內容已經說得這麼清楚了，現在正是最容易判斷的時刻不是嗎？」

客　戶：「話是這樣說沒錯啦。」

說明型：「現在決定比較划算喔。」

客　戶：「……。」

說明型：「這可是讓您變得越來越健康的機會喔。」

【發問型業務員】

客　戶：「可以讓我再考慮一下嗎？」

發問型：「當然可以啊。**請問是哪部份需要考慮呢？**」

客　戶：「我覺得很好，但是還無法做決定。」

發問型：「原來如此。**請問是哪部份無法判斷呢？**」

客　戶：「我在想是不是真的對我有幫助。」

發問型：「原來如此。關於這個部份，因為還沒有開始使用，當然無法確定。**不過您對剛才的說明有什麼想法呢？**」

客　戶：「我在想自己是不是真的有這個需要……。」

發問型：「原來如此。那麼，像這樣如何？先不要勉強，從初級的開始做起，有效的話再進入下一個階段如何？我想如此一來，就能判斷是不是對您有幫助了。」

客　戶：「這樣聽起來就簡單多了。那就先從初級開始吧。」

無論是說明型，還是發問型，都是為了顧客而跑業務。**說明型業務員認為重點在於要讓顧客採用，發問型業務員則認為對顧客有實際幫助比較重要。**

說明型業務員會以商品、服務具有足以改變人生的力量，來鼓吹顧客成交。

然而，**對發問型業務員來說，更重要的是對顧客的今後有幫助。為了達成這個目的，要讓對方願意踏出第一步。**倘若顧客覺得不需要，業務員便會換個角度思考，從容易進行的方法開始也不錯，於是退而求其次的提出另一個方案。

重點在於要對顧客有幫助，提出他們需要的方案。只要做出結果，自然會成交。從結果來看，說明型業務員也好，發問型業務員也罷，在進行業務工作時鎖定的方向，將大幅度左右說的話題，以及最後的成果。

POINT

業務員要盡可能提出，對客戶有幫助的方案。

成交讓你嘴角藏不住笑？簽約後的態度更重要

【說明型業務】
「越靠近簽約越興奮。」

【發問型業務】
「越靠近簽約越冷靜。」

被顧客採用，可說是說明型業務員的終點。因此，越靠近成交階段，越會下意識的感到興奮。

業務員會心想：「顧客聽懂自己這一路說明下來的內容」、「與對方心意相通」、「商品、服務的使用者又增加」、「自己的業績也提高」等，產生諸如此類的感慨，於是越靠近簽約就越興奮。和顧客對話時，也容易像以下範例一樣：

客　戶：「那我就來試試吧。」
說明型：「感激不盡，太開心了。我也會支持您的，請務必堅持下去。有什麼問題請隨時跟我說。」
客　戶：「好的。」

發問型業務員則完全不是這個樣子。發問型業務員會確認這麼做真的沒問題嗎？對顧客有幫助嗎？能讓顧客更快樂、更幸福嗎？

因為他們注重的並不是能否被顧客採用，**而是對方採用後的情況**。

客　戶：「那我就來試試吧。」

發問型：「感激不盡，有符合您的使用習慣嗎？」

客　戶：「嗯。如果是這個，應該沒問題。」

發問型：「那我就放心了。**採用之後，能解決您的問題嗎？**」

客　戶：「嗯，多多少少。更重要的是，我會覺得自己要堅持下去。」

發問型：「那就好。我也會支持您的。有什麼問題都歡迎隨時跟我說。」

客　戶：「謝謝你。」

發問型業務員認為，業務員必須協助顧客使用商品、服務。

因此，就連在最後簽約的關頭，也會向顧客確認對他是否真的有幫助，真的能有成果。

POINT

重點要著眼於簽約之後。

NOTE

第6章

如何讓熟客幫你推？這樣問很重要！

當你提供顧客完美的價值，他自然幫你口碑行銷

【說明型業務】

「盡可能讓更多客戶知道商品與服務的優點。」

【發問型業務】

「聆聽每一位客戶的需求，提供能解決問題的商品或服務。」

所謂業務，是為了讓商品與服務產生作用，而對顧客進行的宣傳活動。在這個活動中，顧客領受到該商品與服務的價值。

以保險為例，顧客是為了得到有保障的生活、保護資產。以住宅為例，是為了得到居住舒適的環境。以日常用品為例，則是為了得到健康、安全、便利等等。

業務員必須以商品或服務提供上述的價值，才算是完成自己的使命。顧客從商品或服務中領受到價值，會感到喜悅，並且感謝推薦該商品或服務的業務員。顧客感謝的言語，將成為業務員的成就感與存在意義。

從上述觀點，我們可以看出說明型與發問型的差異。

說明型業務員的任務，便是針對商品、服務，說明其概要和內容、對顧客的好處等。當他們聽到人家問「你的工作是什麼」時，大多數都會回答以下的答案：

> 說明型：「盡可能讓更多客戶知道商品、服務的優點。這項商品、服務可以讓客戶的日常生活過得更舒適、便利。」

將重點集中在商品、服務的結果，就會變成以商品、服務為主的說明，而不是以顧客為主。

發問型業務員可就大不同了。一切始於顧客。把重點放在對方的需求是什麼、在追求什麼、有什麼問題？並且在這個前提下，提供商品與服務。

若問發問型業務員「你的工作是什麼」，大致上會出現以下的答案：

發問型：「我的工作是助客戶一臂之力。聆聽每一位客戶的需求，提供能解決問題的商品或服務。萬一我無法幫上客戶的忙，會介紹認識的業務員給客戶。」

對發問型業務員來說，業務是以客為尊，提供對顧客有幫助的方案。這種思考模式已經可以稱得上是顧問，或是專門領域的諮商師。提供的服務價值，是為了讓顧客過得更好。

說明型業務員自始至終都侷限於說明商品或服務，自然會以讓顧客買下商品、服務為目標。發問型業務員的話題，則圍繞在顧客追求的是什麼。從結果來看，是以實現顧客所追求的事物為目標。這些態度上的差異，將導致後續追蹤及介紹出現很大的分歧。

POINT

迎合客戶的需求。

還忙著拜訪新顧客？熟客為你介紹事半功倍

【說明型業務】
「我的工作是向新的客戶說明商品或服務。」

【發問型業務】
「我的工作是確認採用商品或服務的人，是否感受到其價值。」

說明型業務員的任務是說明，因此，會到處尋找可以向對方從頭開始說明的新顧客。他們從事業務活動，是為了讓更多人知道自家公司的商品、服務。

購買商品或服務的顧客通常會幫忙介紹新顧客。然而，比起再去拜訪已經購買的顧客，請對方介紹，說明型業務員比較傾向於盡量去拜訪新顧客，因為他們認為重新向對方說明會比較快。

若問說明型業務員「你的工作是什麼」，他們大概會這麼說。

> 說明型：「我的工作是向新的客戶說明這項商品、服務。」

發問型業務員卻不這麼想，他們認為自己提供給顧客的商品或服務，是為了讓對方感受到價值。由此可知，**確認顧客是否確實感受到價值，是工作上很重要的一環。**

發問型業務員會針對已經買下商品、服務的顧客，以電話或拜訪進行確認。或許這樣得多花一點時間，但這是他們的工作中很重要的一環。

若問發問型業務員「你的工作是什麼」，他們大概會這麼說。

> 發問型：「**我的工作是提供商品、服務給客戶，並且確認對方是否感受到價值。**」

倘若購買商品、服務的顧客充分的感受到價值，業務員會很高興；如果不是，就得重新再確認一次，傳達正確的運用方法。

由此可知，**說明型業務員將時間花在拜訪新顧客，發問型業務員則將時間花在拜訪已經購買的顧客身上**。這會使後來的發展產生相當大的差異。

說明型業務員固然也有向他購買商品、服務的顧客，但再怎麼說都是以開發新顧客為主，因此對於已經購買的人，後續追蹤就會作得不甚用心，所以也無從得知，已經向他購買的顧客是否產生什麼變化。

發問型業務員則是隨著向他購買商品、服務的顧客逐漸增加，後續追蹤的活動也變得越來越多。他會向已經購買的顧客詢問他們的變化，藉此對自己正在從事的工作產生自信，並以積極的心情跑業務。

發問型業務員在工作的時候，總是抱持自信與信念。**由於向他購買的客戶確實感受到利益，所以會認為自己購買這項商品、服務是正確的選擇，理所當然會感謝為自己著想的業務員，然後介紹其他人給他。**

如此一來，發問型業務員就能得到很多介紹，而獲得新的顧客。這些被熱情介紹過來的人，即使是第一次見面，也會以積極的態度聆聽業務員說話。

POINT

對業務員的感謝會轉變成幫忙介紹。

透過顧客使用的成功實例，跑業務越來越有自信

【說明型業務】

「太好了，那我就放心了。」

【發問型業務】

「太好了，請問在什麼地方派上用場了？」

由於說明型業務員是以開發新顧客為主，很容易與已經購買的顧客漸行漸遠，不過還是會擔心對方購買之後是否得到幫助。

實際上，只要打一通電話問問狀況，便能解決這個問題。但是，說明型業務員的注意力隨時都集中在新顧客上，所以心態上沒那麼從容。而且，他們不習慣後續追蹤，所以不太清楚該怎麼關心已經購買的顧客。

如果有機會見到已經購買的顧客，或是在某些場合上遇到的話，說明型業務員會內心不安的與顧客展開以下對話：

說明型：「請問您有使用之前購買的商品、服務嗎？」
客　戶：「還滿有幫助的喔。」
說明型：「太好了，那我就放心了。」

平常不會確認成果的說明型業務員，說到這裡就會以「那我就放心了」這句話畫下句點，結束對話。

而發問型業務員平常就會以打電話或登門拜訪，確認顧客買下商品、服務之後的狀況。透過追蹤後續，打聽具體上有什麼變化、使用前後有什麼差異等等，對自己提供的東西產生自信。

有時候，可能也有些顧客會感受不到價值（關於對應這種顧客的方法，將在下一節介紹）。然而，大多數的顧客對產品都很滿意，所以業務員不會惴惴不安，而是冷靜沉著的進行以下的對話：

發問型：「請問您有使用之前購買的商品、服務嗎？」
客　戶：「還滿有幫助的喔。」
發問型：「太好了，**請問在什麼地方派上用場了？**」
客　戶：「這個嘛。特別是在……」

發問型業務員會對顧客進行後續追蹤，確認對方感受到價值。這時，再藉由具體問出商品、服務如何被運用的實例，對自己的工作越來越有自信。

POINT

藉由後續追蹤，建立對業務工作的自信。

反覆詢問顧客使用的失敗實例，挖掘原因解決問題

【說明型業務】

「我再說明一次提升成果的方法。」

【發問型業務】

「可以再告訴我一次，您是怎麼使用的嗎？」

說明型業務員感到最傷腦筋的，莫過於顧客購買後得到的成果無法盡如人意。正是這種時候，業務員更應該問出顧客使用商品的方法，提供建議給對方。

然而，平常光顧著說明，不習慣發問的業務員，此時會無法指導顧客，也不習慣後續追蹤，甚至不曉得該怎麼說才好。

就算說了，也不會認真的向顧客打聽（問問題），而是直接又開始說明，所以無法掌握住論點，給予切中目標的建議。

客　戶：「實在無法妥善運用呢。」
說明型：「這樣啊。您是怎麼使用的呢？」
客　戶：「我認為自己運用得還不錯。」
說明型：「這樣嗎。那麼，我再說明一次提升成果的方法。」

說明型業務員不會認真詢問顧客的狀況，而是還沒準備就緒便下了結論。如此一來，論點無法集中，於是變成無關痛癢的建議，顧客也無法改變現狀。

發問型業務員從平常就習慣發問，也會傾聽其他買下相同商品顧客的意見。更重要的是，透過發問可以聽到很多顧客的成功案例，所以他們會冷靜的確認，若有不懂的地方再提出問題，讓對方說到問題的核心。

客　戶：「實在無法妥善運用呢。」
發問型：「這樣啊。**您是怎麼使用的呢？**」
客　戶：「我認為自己運用得還不錯。」
發問型：「**可以再告訴我一次，您是怎麼使用的嗎？**」
客　戶：「可以啊。」
發問型：「舉例來說，**像是在一天之中，採取了什麼樣的使用方法？**」

發問型業務員會藉由反覆提出問題，打聽顧客是怎麼運用。既然其他的顧客都能做出成果，就表示這位顧客的使用方法出了問題，因此必須仔細探究出原因。

在此，要跟大家提一下如何利用提問探究出原因。重點在於，要怎麼消化顧客說的話，也就是要怎麼使用想像的方式來理解對方的意見。首先，請在你的腦海中備妥一張空白的畫布，用想像的方式將顧客說的話烙印在那張畫布上。

然後，不斷詢問在那張畫布裡感覺不甚明白的部份。比方說，可以用「變成怎樣」、「舉例來說」、「具體來說是」等問題，讓想像的畫面更加明顯。如此一來，顧客說的話便能在你腦海中的畫布上逐漸具體成形。

這時在顧客的腦海中也有一幅畫，與你的畫像一樣，你們便能溝通無礙。

POINT

利用問題來探究出問題點。

這樣發問，讓客戶主動為你列出推坑名單

【說明型業務】
「您想讓更多人也提升成果嗎？」

【發問型業務】
「請問您想將這個商品告訴什麼人，而他會很高興或是得到幫助嗎？」

轉介紹是跑業務非常重要的一環，一流的業務員肯定能得到顧客的轉介紹。

通常，新人業務員會透過業務活動，逐漸獲得顧客，於是必須對他們進行後續追蹤。實際上，業務員無法像剛入行時一樣，將時間全面用在開發新的顧客。

這時，如果得到現有顧客的介紹，就能把後續追蹤的時間當成是在開發新顧客。只要好好進行後續追蹤，讓對方幫忙介紹即可，但這時也需要使顧客幫忙介紹的話術。說明型業務員與發問型業務員，在這方面也有很大的不同。

說明型業務員會傾向，即使在請顧客幫忙介紹的過程中，也會忍不住多加說明，例如以下情況：

> 說明型：「能提升成果的人會向周圍的人介紹，藉此將人脈繼續向外擴大。當然在他們的介紹之下，有人聽得進去，也有人聽不進去，無論如何，希望知道產品的人能夠越來越多。**您想讓更多人也提升成果嗎？**」
>
> 客　戶：「這個嘛，我再想想。」

說明型：「**麻煩您了。**」

說明型：「現在有個針對幫忙介紹的客戶的宣傳活動，如果您願意幫忙介紹，我們會送上○○做為答謝的禮物，請務必把握這個機會。有什麼可以介紹的人選嗎？」

客　戶：「這個嘛……我再想想。」

說明型：「**麻煩您了。**」

說明型業務員會事先舉出幫忙介紹的範例，說明會有什麼禮物，藉此拜託顧客。不過，這樣的動機太薄弱，不只對方不會想幫忙介紹，甚至最後變成業務員在懇求他。

但是再怎麼懇求，顧客也不會因此幫忙介紹，最後業務員還是會把時間用來開發新的顧客。

另一方面，發問型業務員在請顧客幫忙介紹的過程中，會提出具體問題，因為重點在於顧客從商品、服務中感受到的價值，並且讓他們自己產生自覺。

發問型：「請問您使用了這次的服務，**有什麼變化嗎？**」
客　戶：「這個嘛。不用一直去買東西，真是幫了我大忙。」
發問型：「這樣啊。太好了。若您能滿意，我也會很開心的。**如果請您再舉出一個好處，那會是什麼呢？**」
客　戶：「有很多好東西，還可以用型錄精挑細選，真是幫了我大忙。」
發問型：「這也是好事一件呢。**有什麼是您特別滿意的嗎？**」
客　戶：「〇〇的商品很棒。」
發問型：「太開心了。接下來也請一直好好利用下去。」
客　戶：「我會的。」
發問型：「話說回來，關於讓您滿意的這個系統，**請問您想將它告訴什麼人，而他會很高興或是得到幫助嗎？**」

客　戶：「這個嘛，倒也不是沒有。」

發問型：「這樣嗎。方便的話，**可以請您推薦給那些人嗎？當然成不成功都沒關係，我只是想把這些資訊提供給他們。**」

客　戶：「這個嘛。」

發問型：「**請問您腦海中已具體浮現出哪些人選嗎？**」

客　戶：「○○先生和△△小姐吧。」

由此可知，發問型業務員會先再次讓顧客本身感覺到價值，然後再拜託對方介紹。這是讓顧客站在貢獻、推薦的立場，慎重考慮「介紹」這件事。經歷過上述的階段，一邊重新確認價值、一邊進行，顧客也能理解及接受，產生「幫忙介紹」的意願。

無論如何，發問型業務員都會考慮對方的立場及心情，才繼續說下去。

POINT

以客戶感受到的價值為基礎，請客戶幫忙介紹。

欲速則不達，請客戶轉介紹得耐心與對方討論

【說明型業務】

「您的好朋友○○先生也說，一定要與您分享這個好東西，所以把您介紹給我。因此，我希望能拜訪您，請問您本週方便嗎？」

【發問型業務】

「請問○○先生是怎麼跟您說呢？」

經歷過前述的過程，即使搬出承蒙介紹的顧客名字，也偶爾會發生遲遲無法順利進展的情況。

說明型業務員也會透過發問來取得資訊，例如：介紹人的具體情報、與被介紹者之間的關係、想透過什麼方法協助被介紹者、用什麼方法或說法來介紹比較好等等。但是，他們基本上認為，只要自己說明好商品、服務，就能讓顧客明白。

這時，業務員可能會忽略打聽被介紹者的資訊，因為他們以為只要自己能見到對方，讓對方聽到說明，就能讓他理解。

在這種想法下，倘若顧客表現出猶豫不決的態度，業務員就會自己打電話求見對方，但這基本上都無法如意。

說明型：「不好意思。我是◎◎公司的□□。其實是在〇〇先生的介紹下，打電話給您，想向您推薦〇〇先生使用過，並感到滿意的商品。他說交情很好的△△先生一定也會覺得很好用，所以把您介紹給我。因此，我希望拜訪您，請問您本週方便嗎？」

客戶：「這樣啊。我先問過〇〇先生，再聽你說。」

說明型：「這樣啊，那就拜託您了。」

雖然是介紹，但如果由業務員主動打電話，對話就變成以上的情況。業務員要是太自作主張，幫忙介紹的顧客會感到困擾，而不太敢替你介紹。

另一方面，發問型業務員在顧客幫忙介紹之際，會先仔細問清楚被介紹者的事之後再出擊。經由問顧客問題，讓對方理解，確實建立人際關係。

這麼做能大致掌握顧客是什麼樣的人、建立什麼樣的人脈。因此，最後會形成與顧客討論之後，再請對方幫忙介紹的循環。

在直接打電話給被介紹者之前，應該請顧客告訴對方，自己會打電話給他，還能事先告知部分內容，讓之後的談話能順利進行。

說。

當然，也可以和顧客先討論，要請他事先對被介紹者說些什麼，或是要怎麼

發問型：「不好意思。我是◎◎公司的□□。其實是在○○先生的介紹下，打電話給您。**他跟您提過這件事嗎？**」
客　戶：「有的，有的。我聽他說過。」
發問型：「謝謝。**請問○○先生是怎麼跟您說呢？**」
客　戶：「呃，他說你是個很有意思的人，講話也很風趣喔。」
發問型：「謝謝。既然如此，如果可以見上一面就好了，請問您本週有時間嗎？」

如此一來，對話便以上述方式順利進行。

透過提問的方式，可以從取得預約到後續追蹤，再到介紹，也就是能有效推動業務的每一個階段。

POINT

詢問關於被介紹者的事。

NOTE

第7章

激起你的發問魂，就能讓他跟你聊不停！

好業務的想法不僵化，天天保有柔軟的彈性作法

【說明型業務】

「我要用這種方法進行下去。」

【發問型業務】

「我想怎麼做？」

前文中已解說，說明型與發問型的業務話術之間有何差異。這兩種業務方法在基本定位上完全不一樣。

那麼，說明型與發問型兩種人究竟有什麼不同？事實上，**說明型著重思考，發問型則著重想法**。

所謂人類的行為原理，指的是**「感受、想法↓思考↓行動」**。說明型的人著重思考，會從思考中研擬出作法、方法，再利用它們引導顧客採取行動。

說明型業務員會自問自答如：「**根據我的思考來判斷，這種作法應該還不錯**，肯定能順利，所以就這樣的方法進行下去。」

並且根據這樣的思考模式，付諸實際行動。

問題是，有時候並不是那麼順利，一旦進行得不順利，就變成是「我的思考」

出錯了。說明型的人認為，如果承認自己想的方法不管用，等於表示自己沒用，所以絕不會說自己的方法錯了，甚至會產生以下的想法：

說明型業務員的自問自答：「為何會進行得不順利呢？根據我的思考來判斷，明明只有這種方法。或許是方法太散漫了，增加一點行動量吧，一定會順利的。」

他們不會改變自己的思考與作法，反而非常堅持，硬要用這套方法貫徹到底。

另一方面發問型的人著重自己的想法。發問型一直追問起始點的想法，並以此導向思考、作法及最後的行動。

他們隨時隨地都將重點放在實現自己的想法，為了達成目標，思考及行動都會變得很有彈性。

發問型業務員的自問自答：「對我來說，最重要的莫過於自己的想法。**我想怎麼做？對了！我想達成○○，為了達成○○，這種方法應該是最好的。**就照這樣努力下去，肯定能達成自己的想法。」

發問型的人重視想法，為了達成想法而決定自己的作法。重點在於堅持達成目標，但不堅持作法。現在決定的作法頂多只是一種考量、一個手段。萬一作法出錯，就趕快修正軌道。

發問型業務員的自問自答：「為了達成自己的想法，我選擇這種方法，但無法從心所願，如此一來就別指望能達成了。**為了達成目標，考慮新的方法，**進行軌道修正。」

發問型為了達成自己的想法，會採取柔軟的反應，而說明型則比較沒有彈性，因為發問型堅持的是想法，說明型堅持的則是思考。

POINT

先堅持自己的想法，再思考作法。

沙盤推演你的提問與順序，確保讓顧客心情舒坦

【說明型業務】
「要怎麼向客戶說明，事情才會順利呢？」

【發問型業務】
「重點在於客戶想要什麼？」

說明型的人專注於自己的思考，會考量該怎麼做，能讓對方明白，讓自己的想法能順利進行，而決定要怎麼把話題拓展開來。

自始至終都是以說明為主，思考如何讓對方理解、接受（但這將變成說服），研擬見面方法。說明型業務員會針對與對方的會面，進行以下的沙盤推演：

【說明型在見面前的沙盤推演】

「要怎麼向客戶說明，事情才會順利呢？」

(1) 首先，與客戶見面、寒暄，營造出和樂融融的氣氛。

(2) 然後問對方公司的事，說自己公司的事。

(3) 接著告知今天來訪的目的，告訴對方要討論什麼。

(4) 表達說明的順序，取得對方的了解。

(5) 盡快**以上述的順序開始說明**。

基本上，說明型的人沙盤推演的內容是「說明的方法」，也就是要怎麼跟對方說。專注在自己要怎麼說明的方法上。

說明型的問題在於，當顧客開口說話時，便無法照上述的劇本進行。因為說明型是在以說明為中心的前提下思考，除非對方靜靜聽他們說話的人，不然很難照上述的劇本進行。

由此可知，說明型就算事先做過沙盤推演，通常也很難照劇本進行，結果就會逐漸放棄沙盤推演。

發問型的人進行的沙盤推演，則是針對「要問對方什麼問題」。朝著終點，找出對方與自己的共通點，透過問對方問題，思考要如何推展下去。

根據人類的行為原理：「想法↓思考↓行動」，利用問題來刺激對方的想法，使其思考並付諸行動。

由此可知，說明型的基本思考模式是，「人會因為思考或說明的內容採取行動」；發問型的基本思考模式，則是「人會基於自己的想法行動」。

即使在沙盤推演的時候，發問型的人也會假設自己是面對業務的那一方，要產生什麼心情，才會進入下一個階段，據此研擬問題，進行以下的沙盤推演：

【發問型在見面前的沙盤推演】

「**重點在於客戶想要什麼？**所以首先要從理解開始。」

(1) 與客戶見面、寒暄，**詢問對方**的狀況，營造出和樂融融的氣氛。
(2) **詢問對方**公司的事，了解對方的狀況。也說說自己公司的事。
(3) 告知今天來訪的目的，透過**詢問**來打聽對方期待聽到什麼樣的話題。
(4) **詢問對方**為何會期待聽到那樣的話題。
(5) 告知說明的順序，以對方期待的話題為主，進行說明。

基本上，發問型的沙盤推演都在詢問顧客問題，而且每個問題的背後都有目的，也就是為了讓對方心情舒坦，在取得對方理解的前提下進行。

一旦無法盡如人意時，發問型的人會暫時停下腳步，利用問題深入探究到顧客能接受的部份。由此可知，發問型很重視別人的心情。

透過不斷累積見面經驗，發問型的人問問題的方法也越來越進步。就結果來看，發問型業務員越來越具備專業技巧，越來越懂得該怎麼沙盤推演。在此建議，可以將沙盤推演寫下來，觀察具體的部份，可以比較容易看出說明或發問的順序，也能更有自信的迎接見面的時刻。

POINT

利用沙盤推演來累積知識和技術。

累積經驗去蕪存菁，使問題與見面時間越來越精簡

【說明型業務】

「怎麼做才能讓對方接受？」

【發問型業務】

「是否提出讓對方表露想法的問題？」

說明型的業務員在和顧客見面時，會專注在該如何完美的說明，隨時都在追求用說明的方法，讓對方百分之百的理解及接受。

因此，倘若對方在說明的過程中發言或發問，業務員下次說明時，就會以盡量不讓對方開口的方法進行。他們會為了排除顧客在過程中曾經說過的話、問過的問題，而思考該如何說明，事先把話說清楚。

【說明型在見面後的反省】

重點在於怎麼做才能讓客戶接受。

見面的時候，因為一開始就遭到反駁，所以要設計一份不會被反駁的簡報。另外，過程中客戶會發問，所以要事先將那些問題的答案，全都放進簡報裡。藉由這樣的改善，簡報會變得更容易讓對方接受吧。

說明型業務員會思考，當顧客這麼說的時候，自己該怎麼回答，事先增加說明不讓對方有反駁的機會。為了讓自己的說明更豐富，型錄或說明書變得越來越厚，說明時間也會越拉越長。

發問型業務員則完全相反，會留下有效的問題，並盡量省略無效的問題。所謂有效的問題，是指能激發顧客感情的問題，也就是讓對方產生想實現自己想法的心情，思考該怎麼做才能實現的問題。

發問型業務員會經常改善提問、產生共鳴、展開話題的方法等。

【發問型在見面後的反省】

重點在於，是否提出讓對方表露想法的問題？

見面的時候，過程中雖然遭到反駁，但如果能從客戶的反駁中引導出他的真心話就好了。另外，如果客戶在過程中提問，就表示自己沒有確實的在最初階段引導出對方的心情。所以，一開始就要好好利用提問，確實問出客戶的真心話。藉由深入的詢問，做出更感人的簡報吧。

發問型業務員每次都會這樣檢討結果，讓問題越來越精簡。基本上，見面的時間會隨著經驗的累積而逐漸縮短。

POINT

不斷透過詢問客戶，累積有效的問題。

在日常對話中練習以對方為主角，先傾聽他的意見

【說明型業務】
「我是這麼想的……。」

【發問型業務】
「請問您是怎麼想的？」

即使是平常的對話，說明型與發問型的人在說話順序上，也有很大的不同。只要以人類的行為原理，也就是「想法↓思考↓行動」來思考，就能一目瞭然。

說明型的人把自己放在「想法↓思考↓行動」的中心。也就是說，會告訴對方自己是怎麼想。

【說明型的日常對話】

「關於○○這件事，我是這麼想，認為大概是△△這樣。因為……。您不這麼覺得嗎？」

由此可知，說明型的人以自己的想法或思考為中心，養成無論什麼事都要說明的習慣。

對方認為，即使說明型的人詢問自己的事，也是先要自己聽他的意見，之後才徵詢自己的意見，因此覺得自己的意見不受重視，感到不太高興。

發問型的人則是把對方放在「想法↓思考↓行動」的中心。在談話的過程中，重點放在對方的想法。發問型業務員經常提出問題，傾聽對方的意見，讓對話有來有往的進行下去。

【發問型的日常對話】

「請問您對於〇〇這件事是怎麼想的？有什麼想法呢？方便的話，可以告訴我嗎？」

發問型的人先傾聽對方是怎麼想的，有什麼想法，所以以提問為主。他們先聽完對方的意見，再說出自己的意見。在平常的對話裡，他們也不經意的表現出先為對方著想的態度。

由此可知，在日常對話中，說明型傾向於只說自己的事，發問型則是先問出對方的事，再說自己的事。

POINT

引導對方說出意見。

交出發話權，請教他人能獲得新的點子和創意

【說明型業務】

「我從以前就知道這件事。」

【發問型業務】

「您為何會這麼說呢？」

為了讓交談對象聽自己說明，必須引起對方的興趣。因此，說明型的人總是思考，要如何引起交談對象的興趣，讓對方注意自己。

說明型的人認為，願意注意自己的人會聽自己說明，因此他們說話總是從引起對方的興趣開始。

【說明型的日常對話】

說明型：「我從以前就知道〇〇這件事。」

對　方：「哦？這是什麼意思？」

說明型：「那是可以讓日常生活變得非常有效率的方法。其實是……。」

說明型的人以這種方法，先拋出話題引起對方的興趣，然後開始說明。因此，他們會無意識的在說法或語氣上下一點工夫。然而，重點自始至終都是要讓對方對自己的談話產生興趣，聽自己說話。

交談對象一旦被說明型的人談話吸引，就覺得他很有魅力，也會專心聽他說話，成為他的粉絲。

只是，對方漸漸感到無聊，因為自己只能當個聽眾，而不能表達意見。一旦厭倦這種狀態，就會離他而去。

發問型的人則是對交談對象感興趣，不斷詢問對方問題。他們會對對方感興趣，提出問題，然後對對方的回答感興趣，產生新的問題。

【發問型的日常生活】

發問型：「○○先生，您為何會這麼說呢？」

對　方：「那只是我個人的想法。」

發問型：「這樣啊。那您為何會有這種想法？」

對　方：「因為我年輕的時候有過印象很深刻的經驗。」

發問型：「這樣啊。那是什麼樣的經驗呢？」
對　方：「其實是……。」

發問型的人經常向交談對象提出問題，無非是對對方感興趣。他們認為，對方擁有與自己不同的想法、生活方式、經驗、點子和創意。藉由請教對方這些問題，自己可以得到新的點子和創意，有助於成長。

因此，發問型的人認為，傾聽對方說話是件很快樂的事。

POINT
聽到新的想法會很開心。

認同每個人的個性都不同，就可以輕鬆詢問

【說明型業務】

「關於這件事……我是這麼想的。」

【發問型業務】

「關於這件事，△△先生您是怎麼想的？」

說明型的人總是把重點放在自己的想法上。

說明型注重思考的人，會考量自己的談話內容，傾向於讓說出來的話具有強烈的主張。

【說明型的日常對話】

說明型：「關於○○這件事，我認為是□□這樣。因為……我是這麼想的。」

對　方：「原來如此。」

說明型：「對吧。這是因為……喔。」

對　方：「就是說啊。」

他們認為，思考是用來表現自己的人格，或是展現自身的水準，因此對發言內容字句斟酌。而且，不會放過別人的談話，只要覺得不對勁，多半會採取攻擊的態勢。

發問型的人認為，每個人都有各自的想法及感受，並從中衍生出不同的想法。由於每個人都不一樣，都有自己的個性，所以他們認為意見不同是理所當然的，因此能不預設立場的傾聽與交談。

【發問型的日常對話】

發問型「關於○○這件事，△△先生您是怎麼想的？」

對　方：「我覺得……。因為□□。」

發問型：「原來如此啊。我認為是……，因為……。」

發問型業務員會像上述一般，輕鬆詢問對方的想法，也輕鬆表達自己的想法。

正因為他們認同每個人都有不同的個性，才能輕鬆的提出問題，直率的說出自己的意見。

POINT

不擺架子，傾聽別人的意見。

結語

別一廂情願發言，先傾聽、認同再詢問意見

說明型的人為了表達自己的想法，總是自顧自的說話。如此一來，不管是一對一，還是在團體中發言，多半都會演變成一廂情願的情形。

說明型的人就算聽對方說話，也絕對不會深入觸及對方的想法或意見，他們會表述完自己的主張，就結束話題。

另一方面，發問型的人不會發生上述的狀況。他們認為每個人都有自己的想法和感受，會從中產生各種不同的思考及意見。

發問型的人會傾聽、認同對方的意見，試圖問出意見的本質。不論是一對一，還是在團體裡，他們都能自然而然的炒熱話題。

說明型的人會透過傾訴自己的事，渴望得到別人的肯定，但發問型的人則是肯

定彼此的意見，甚至認為若加以融合，或許能激發出新的點子。

說明型與發問型的最大差異，在於根本的思考模式，這也是兩者在對話內容及遣詞用字上不同的最大原因。

實際上，這兩種人沒有優劣之分。只是，為了在日常生活中能與他人互相肯定，過得更開心，發問型的方法顯然比較好。

最後，本書道盡了說明型與發問型的業務話術有什麼差異，請問各位有什麼感想呢？

說明型與發問型，不僅是用字遣詞的不同，或是拓展話題的差異。我身為將這兩種作法都實踐到淋漓盡致的人，充分感受到兩者具有足以改變人生的重大差異。

衷心期待各位在看完本書後，能實際嘗試發問型業務法，親身感受箇中的差異。

NOTE

國家圖書館出版品預行編目(CIP)資料

業務之神的問答術：用提問避開拒絕，讓業績從0到千萬！／青木毅著；賴惠鈴譯. -- 二版. -- 新北市：大樂文化，2020.11
面；　公分. --（Smart；099）
譯自：売れる営業の「質問型」トーク　売れない営業の「説明型」トーク
ISBN 978-957-8710-97-9（平裝）

1.銷售　2.職場成功法

496.5　　109014681

SMART 099

業務之神的問答術

用提問避開拒絕，讓業績從0到千萬！　（原書名：《業務之神的問答藝術》）

作　　者／青木毅
譯　　者／賴惠鈴
封面設計／王信中
內頁排版／顏麟驊
責任編輯／簡孟羽
主　　編／皮海屏
圖書企劃／王薇捷
發行專員／呂妍蓁
會計經理／陳碧蘭
發行經理／高世權、呂和儒
總編輯、總經理／蔡連壽

出 版 者／大樂文化有限公司（優渥誌）
地址：新北市板橋區文化路一段 268 號 18 樓之 1
電話：（02）2258-3656
傳真：（02）2258-3660
詢問購書相關資訊請洽：2258-3656
郵政劃撥帳號／50211045　戶名／大樂文化有限公司

香港發行／豐達出版發行有限公司
地址：香港柴灣永泰道 70 號柴灣工業城 2 期 1805 室
電話：852-2172 6513　傳真：852-2172 4355

法律顧問／第一國際法律事務所余淑杏律師
印　　刷／韋懋實業有限公司

出版日期／2017 年 12 月 18 日
出版日期／2020 年 11 月 26 日二版
定　　價／280 元（缺頁或損毀的書，請寄回更換）
I S B N　978-957-8710-97-9

版權所有，侵害必究　All rights reserved.
URERU EIGYONO “SHITSUMONGATA” TALK URENAI EIGYONO “SETSUMEIGATA” TALK by Takeshi Aoki
Copyright © Takeshi Aoki 2017
Original Japanese edition published by Nippon Jitsugyo Publishing Co., Ltd.
This Traditional Chinese edition published by arrangement with Nippon Jitsugyo Publishing Co., Ltd. through HonnoKizuna, Inc., Tokyo, and KEIO CULTURAL ENTERPRISE CO., LTD.
Traditional Chinese translation copyright © 2020 by Delphi Publishing Co., Ltd.

大樂文化

大樂文化